活断層と私たちのくらし

― その調べ方とつきあい方 ―

伊 藤 康 人

大阪公立大学共同出版会

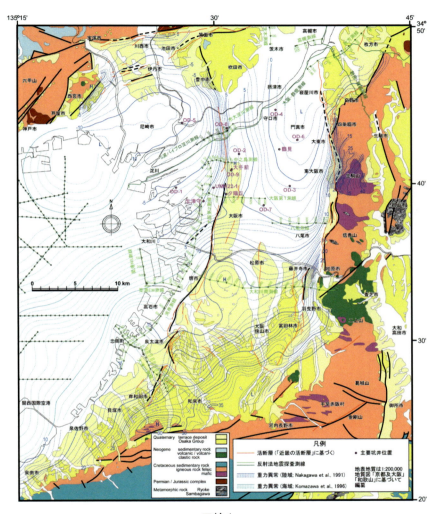

口絵 1

大阪周辺で観測される重力異常値(コンター)と地表地質(カラー)。平野部で重力値が変動することは、地下の岩盤深度が凹凸に富むことを示している。

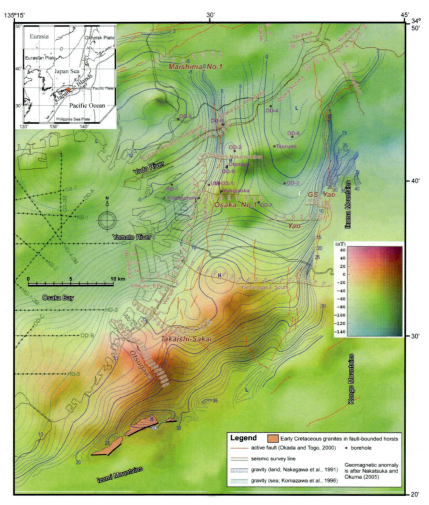

口絵2

大阪周辺で観測される重力異常値(コンター)と地磁気異常値(カラー)。強い正の地磁気異常を示すエリアは、地下に火山岩が存在する可能性がある。

目　次

はじめに：この本の内容と書いた人の簡単な紹介、
　　　　　そして「活断層とはなんだろう」……………………… 1

第1章　活断層の調べ方：
　　　　　　どうやったら危険さの度合いがわかるか ……………… 6
　1．どうやって地表を調べるか ……………………………………… 6
　　　1.1．地形が教えてくれること
　　　1.2．地質が教えてくれること
　　　コラム1　活断層と地名（昔の人はどこまで気づいていたか）
　　　　　　　………………………………………………………… 17
　2．どうやって地下を調べるか ……………………………………… 20
　　　2.1．ボーリング調査の威力と限界
　　　2.2．重力が教えてくれること
　　　2.3．地磁気が教えてくれること
　　　2.4．地震波が教えてくれること
　　　コラム2　地震探査現場での経験（未知との遭遇）………… 43
　3．どうやって将来を予測するか …………………………………… 47
　　　3.1．どうやって揺れの強さを予測するか
　　　3.2．どうやって次の地震を予測するか
　　　コラム3　ハザードマップっていったい何？：上町断層と中央構造線
　　　　　　　………………………………………………………… 53

第2章　活断層とのつきあい方：大阪エリアを例として ………… 56
　1．大阪の地形：地殻変動でゆがむ大地 …………………………… 56
　　　1.1．山や川が教えてくれること
　　　1.2．200万年前はペッタンコ

コラム4　江戸時代の水系をコンピューターで再現する ‥‥ 61
　2. 大阪の地質：環境変動と地盤の特徴 ………………………… 64
　　　2.1. 大阪平野は何度も海になった？
　　　2.2. 硬い台地と軟らかい平野、そして地下深くに潜むもの
　　　コラム5　関西空港の地盤沈下を招いた泉南の出っ張り ‥‥ 71
　3. 自然災害とつきあって生きる：手探りが続く自治体の取り組み
　　　　……………………………………………………………… 74
　　　3.1. 都市圏の憂鬱：東成区の抱える多様な問題
　　　　3.1.1. 絡み合う難問とは
　　　　3.1.2. 支援センター中でのインタビュー
　　　　3.1.3. 理想と現実のはざまで
　　　3.2. 何がサテライト（衛星都市）の核となるか
　　　　3.2.1. 門真市：官製ボトムアップ計画
　　　　3.2.2. 堺市：校区ユニットの自主防災
　　　3.3. これぞボトムアップ：阪南市民のチャレンジ
　　　コラム6　自治体による危機感の温度差：同じ活断層の上なのに…
　　　　…………………………………………………………… 103

あとがき ……………………………………………………………… 108

参考文献・情報源 …………………………………………………… 110

索引 …………………………………………………………………… 114

===== はじめに =====

この本の内容と書いた人の簡単な紹介、そして「活断層とはなんだろう」

《この本の内容》

　皆さん、「活断層」ということばを知っていますか？地震と何か関係があるらしい…と聞いたことがある人も多いと思います。この本は、活断層について「調べ方とつきあい方」を書いたものです。私は、大学で「地質学」の研究を専門にしています。これまでに、日本中に分布する活断層を調べ、地震の被害を予想する仕事に関わってきました。地質調査では、登山者と似た格好で山や川を歩き回ります。地元の人たちから見ると不思議なおじさんです。昔は「石油（あるいは、金とか化石とか）でも出るのかね？」と聞かれることがほとんどでしたが、20年あまり前から「活断層を調べているのですか？」というパターンが増えました。つまり、阪神大震災という地震で、神戸を中心に甚大な被害が出てからですね。日本全国には、活断層という地割れがいっぱいあって、そのどれかが動くたびに地震が起こる、ということが一般に広く知られるようになったのです。

　大きい本屋さんに行けば、活断層に関する本をいろいろ見つけられます。地震の被害予想に関するニュースが新聞・テレビなどで取り上げられることも多いですし、皆さんが住んでいる地域の役所に行けば、ハザードマップといって自然災害の影響や備えについて説明したパンフレットをもらえます。それでは、今手に入る資料を集めて読んでおけば安心な

のでしょうか？私の経験では、むしろ、「ちゃんと地震の勉強をしたことがないので、資料を読んでもよく判らない…」という方が多いように感じています。防災は、大学の研究者などより、地域住民の皆にとって切実なものです。いかに地球の変動がダイナミックか、自然とはどのようにつきあって行けばよいのか、を多くの方に理解してもらいたい…と考えてこの本を書くことになりました。

この本の第1章は、活断層の調べ方を解説しています。わが国で調査を行う際定石とされる調査法の解説もありますが、どちらかというと、これから重要性がクローズアップされるであろう（されて欲しい）地下探査法に力点を置いています。現在日本で、地下探査技術の体系を総合的に学べる大学はありません。そういう視点から活断層を解剖する、それがこの本のチャレンジだと思っています。昨今の教育事情で、いわゆる理・文系の乖離は悪化の一途です。私の職場でも普通に国語を使えない理系の学生や自然現象に全く関心を示さない文系の学生は増加傾向にあると感じています。しかし、科学技術のエッセンスを理解することは、マスメディアなどから与えられる情報の信憑性を判断するためにも、大切なことなのです。本書では、「数式アレルギー」の方にも見放されないように、高校3年生なら通読できるレベルを目指したつもりです。

そして、第2章では、活断層とのつきあい方の例を紹介します。地域を絞って、地形・地質の特徴と、災害の歴史を説明します。そして、地域の特性を考慮して、人々が、今手探りではじめている防災への取り組みを解説します。この本を執筆するため資料を集める過程で、地震など自然災害の脅威を身近に感じ「そろそろ何とかしないと…」と考えている人が結構多いと思わされました。一般向けの科学セミナーで活断層調査法の話をした後、必ずいただく代表的な質問は、「で、自分はどうしたらいいんでしょう」。これは、当然だと思います。そういう時に「私の専門ではありませんので…」と受け流すのは簡単ですが、地球科学に

関する知識を基に、何か有益な提言ができないか、そういう意識で書き進めました。ついでながら、この本で意識して取り上げなかった項目が一つあります。それは、免震・耐震構造など、工学的視点から都市圏の脆弱性を補い、被害を最小限に止めようとする取り組みです。そういう分野を評価していないからではなく、完全に自分の守備範囲を超えるから、とご理解ください。

　これまで地質調査を進める中で、興味深く感じた事は、コラムとして紹介しています。基本、地球の営みの神秘に惹かれて何十年も山を歩いている人間ですので、いくつかのエピソードを通じて、皆さんに自然現象の面白さを少しでも伝えることができれば、大変うれしく思います。

《この本を書いた人》

　私は、大阪市で生まれて泉州で育ち、今は大阪府立大学で勤めています。素性も見かけもこてこての大阪人ですが、実は阪神大震災の時、東京の石油会社で勤めていました。職場のTVが倒壊したビルや高速道路を次々に映し出すのを、呆然と見ていたことを憶えています。石油などエネルギー資源を探す技術は、地下を調べる際に大変役に立ちます。この本の前半で、何kmも離れた地下まで最新手法をどのように組み合わせて全体像を明らかにしていくかは、私が石油会社で学んだ様々な技術がバックボーンになっています。後半では、出身地である大阪を例にとりました。これは、正直テーマやトピックの発掘がやり易かったという部分もあります。また、大阪府は狭いながら地形や地質の多様性が高く、ながく都に近接していたことも手伝って、数千年にわたる人と自然との関わりについて記録が保存されています。高層ビルや自動車道のない時代に、人々は今より上手に自然とつきあって来たのかもしれない…と想いつつ、自分の故郷を再発見する気分で執筆を行いました。

《活断層とはなんだろう》

　さて、最後になってしまいましたが、一番大事な点に触れておきます。「活断層」とは一体何でしょうか？地震の元凶として、ニュース解説などでよく「プレート」という言葉が出てきます。地球の表面は何枚ものプレートという岩盤で覆われており、それらがすれ違ったりぶつかったりして、地震が発生する…というアニメーションを見たことがあるのではないでしょうか。プレートの運動は、直接地震の原因になる（その典型例が2011年の東日本大震災です）だけでなく、大きな力で硬い岩石を歪ませヒビを入れます。それが断層です。日本列島は何枚ものプレートの境界にあって、長年力を受け続けていますので、至るところヒビだらけ。無傷な岩盤を探すのが困難な状況ですが、多くの断層は太古の地殻変動の痕跡で、再び活動することはありません。その中で、比較的最近（地質学的な時間感覚では１万～10数万年が目安でしょうか）に繰り返しずれ動いたという記録や現在の岩盤歪みの測定から、今後もずれを生じて地震を起こす可能性がある、と考えられるものを、特に「活断層」と名づけています（一般に知られているものとしては、1995年の阪神大震災で注目された淡路島の野島断層や、2016年に熊本地震を起こした日奈久断層などです）。

　つまり、十分にデータが揃っておらず、現時点では危険な活断層と断定できない…という、いわば「容疑者」もいるわけですね。逆に、名前ばかりが先行して、実はあまり活発ではなさそうなのに、危険さが過大評価されている物もあります。ちょっと奇妙な言い方ですが、「活断層学」という分野はありません。自然災害を細分化して、地震学・火山学などが存在するのに、です。活断層研究は、地形学・地質学・地球物理学等々の専門家が、自分の狭い見識で分析解釈をしているだけで、今のところ包括的な学問体系を持たないのです。真に実証的かつ科学的な活

断層の研究は、始まったばかりです。この本で述べたことの約半分は、10年も経てば書き直しが必要になるかも知れません。いや、せめてそれくらいの速さで理解が進むように、これからも、あきらめずに努力して行きたいと思います。

第1章

活断層の調べ方：
どうやったら危険さの度合いがわかるか

　昆虫でも草花でも、何かをじっくり調べる時には、遠くから見たり近くから見たり、虫眼鏡の助けを借りたり、いろいろなスケールで調べようとします。活断層の場合も同じで、調べ方によって、良く見えるサイズが違います。この章では、①「地表の地形を調べる」→②「地表の地質を調べる」→③「地下をボーリングで調べる」→④「地下を重力・地磁気・地震波で調べる」という順序で説明を進めます。それぞれ一長一短あるのですが、垂直方向の調査深度（地下どれくらいの深さの情報が豊富に含まれているか）について思い切りあらっぽく言うと、①は1～10m、②は10～100m、③は100m～数km、④は数100m～10kmの範囲のものが良く見えます。これらを組み合わせて、三次元的構造の全体像を把握するのが、活断層研究では最も大切です。

1．どうやって地表を調べるか

　断層というのは、要するに大地の割れ目です。糸のように割れ目が延びていく事はないので、面的な拡がりを持つでしょう。また、それを境に地盤がすれ違うわけですから、あまりデコボコしていると滑らかにすべることができません。つまり、平面に近いと予想されます。それが凹凸のある地表と交わると、どんな形になるでしょうか。地盤をケーキ、断層面をナイフとしましょう。ナイフでカットする角度によって、ケー

キの切り口の形が変わりますね。逆にその形から、どんな角度でナイフを入れたか、推測することができます。すなわち、地表がどのように変位しているか詳しく調べることで、ある程度は地下への断層の延び具合を知ることができるのです。また、断層面の傾き方と地盤の食いちがい方を組み合わせれば、どのような力を受けてどの方向に動いている断層かを推測することもできます。

1.1. 地形が教えてくれること

地形を調べる最も基本的な手段は、空中（航空）写真判読です。撮影ポイントの違う2枚の空中写真を並べて両眼でそれぞれの写真を見ると、まるで地形のジオラマを見るような立体感を得ることができます（図1）。それを詳細に観察して、「断層変位地形」を探すのです。断層

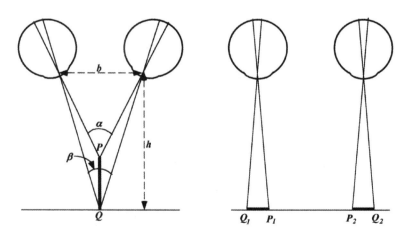

図1　空中写真判読の原理

左図は、人間が物体PQを2つの目で眺めているところを、頭上から見た様子である。この場合、収束角 α と β が異なるために、遠近感（b/hの値が大きいほど強くなる）が知覚される。一方、右図は、同じ物体の写った2枚の空中写真を実体視しているところで、同じような立体感を得ている。また、故意にb/hが大きめになるよう撮影することで、本物より遠近感を強調することができる。

変位地形とは、河川の屈曲・直線的に切断された谷や山稜・地面の撓みなどです（図2）。例えば、河川屈曲の大きさから累積変位量を推定できますし、同じトレンドで屈曲した河川を追跡することで、地表に達した断層の長さを知ることもできます。基本的に、断層が長いほど大きい地震が発生しますので、経験則に基づいて、起こり得る地震規模のレベルをある程度推定することができます。このような空中写真データは、日本全土のものが揃っており、専門店で調査エリアを説明すれば、誰でも安価に購入できます。

　ここでちょっと脇道にそれますが、地震のエネルギーを表す「マグニチュード」は、被害想定で必ず登場する「震度」とは異なることに注意してください。震度はあくまで被害の大きさの指標ですので、震源から遠ざかるにつれて小さくなります。これに対し、1回の地震のマグニチュードは、単一の数値です。言い換えると、本章の後半、「どうやって揺れの強さを予測するか」のセクションで説明している方法は、マグニチュードは幾らと決めて、コンピューターシミュレーションで震度の分布を示しているのです。

　空中写真判読に基づく研究成果は、1991年に「日本の活断層」という

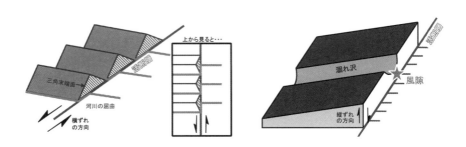

図2　活断層の動きによる地形変位模式図
左：横ずれの大きい断層の動きで、山稜が直線的に切断される（三角末端面が形成される）と共に谷から流れ出す河川が屈曲している。右：縦ずれの大きい断層の動きで、地面が撓み、沢の上流部が消失して風隙（ふうげき；wind gap）が生じている。

大判書籍に纏められています。これは、活断層の総目録とも言うべきもので、この手法が成し得たことの集大成です。それぞれの断層の規模とずれの方向・量が記載され、確実度及び活動度がランク分けされています。研究者向けに、評価の根拠となった文献リストも完備されています。大きな図書館にはたいてい収蔵されていますので、興味のある方は一度ご覧になってください。ただし、1点ご注意ください。たとえば、自宅の近くに赤い断層線が引いてないからと言って、胸を撫でおろすわけにはいきません。逆に近くにあるからと言って、即座に青くなる必要もありません（真下という場合はちょっと気になりますけど…）。活断層の危険度を評価するには、地下どれくらいの深度までどのように延びているか、三次元イメージが大切であるということは、このあと機会あるごとに説明します。

　空中写真で見つかった活断層について、トレンチ調査が実施されることもあります。これは、明らかな地形変位をまたいでパワーショベルで溝（トレンチ）を掘り、割れ目の状態を観察するものです。目印になる地層のずれ・厚さの違いと年代値から、地震の回数を数え、活動時期及び間隔を推定するのです（図3）。この方法は、例えて言えば断層地形の解剖学です。では、地層の年代値は一体どうやって決めるのでしょうか？そこに含まれる遺物（土器片など）の考古学的年代は、重要な情報です。また有機物（動植物の遺骸など）の放射性炭素年代測定も、正確な年代を与えてくれます。通常炭素という元素は質量数12ですが、僅かに質量数14の重いものが存在しています。我々を含め、全ての生物の血や肉には、重い炭素が混ざっています。これは、一定のレートで壊れていきます（放射壊変する）ので、試料に残存した重い炭素の量を測ることで、動植物が死んで土に埋まってから経過した時間が計算できるのです。さらには、地層中に火山灰が挟まっていれば、その層序対比（活動年代が明らかにされている大規模な火山噴火との対応関係をつけるこ

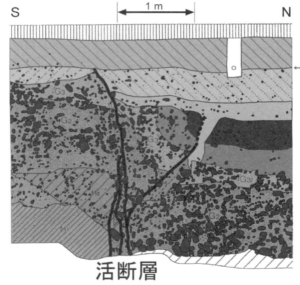

図3 活断層の地表観察

上：1995年の阪神大震災で淡路島の北淡町に現れた野島断層。下：大阪府箕面市・坊島断層のトレンチ調査の例。活断層は、パワーショベルが掘った溝の断面で、割れ目によって地層がずれている様子を観察して認定される。この例では、割れ目は幾条にも分岐し、何度も地震が発生したと考えられる。最新活動（割れ目が最も上部の地層に達しているもの）は、地層の年代から室町時代より後、江戸時代より前である。その時期の古文書に記録された近畿地方の大地震は、1596年の慶長伏見地震しかない。

と）によって、年代値を決定することができます。このように、トレンチ調査はツボにはまると威力を振るいますが、掘って何も発見できなければ徒労に終わります。私がメンバーを務めた活断層評価プロジェクトでも、相当の労力・資金を投入して溝を掘りましたが、目覚ましい成果は得られませんでした。また、表層の割れ目と地下深部で巨大地震を起こす断層との関係も、慎重に考える必要があると思います。

　これらオーソドックスな変動地形解析の他にも、近年はリモートセンシングと言って、人工衛星を用いた調査法が注目されています。カーナビで利用しているGPS（Global Positioning System；全地球測位システム）のデータを解析して、新潟から神戸を結ぶ領域（阪神大震災に始まって中越地震など被害地震が頻発しているゾーン）で歪みが集中していることが、明らかにされています。さらに、SAR（Synthetic Aperture Radar；合成開口レーダー）を装備する人工衛星は、マイクロ波を照射して地表からの散乱を受信し、地形や構造物の形状や性質を画像化することができます（図4）。SARデータには衛星－地表間の距離情報が含まれており、2回の観測結果の差を調べることで、観測の間に生じた僅かな地表変位を捉えることができるのです。SAR衛星は、一般に数10km四方〜100km四方の広範囲を観測できるのですが、太陽光反射を観測する光学的センサー（天気予報で雨雲の様子などを見せてくれるもの）と違って、みずからマイクロ波を照射しますので、夜間でも観測できます。また、マイクロ波は雲や雨など透過してしまいますので、観測天候にも左右されません。ただし、SARデータで見えるものは、断層変位による地盤の変形とは限りません。あまりの高感度に、年周期の地表上下運動（地下水位の季節変動によるもの）などまで捉えてしまいますので、長期間の経年変化を分析することが大切です。近年は、常時このセンサーを搭載した人工衛星データが手に入るようになりましたので、応用の幅がぐっと広がっています。このように、リモートセンシングは、

図4 地球観測衛星
宇宙航空研究開発機構（JAXA）が、地図作成・地域観測・災害状況把握・資源調査などの目的で開発した、だいち2号。別名エイロス2（ALOS-2；Advanced Land Observing Satellite）。高度628kmの太陽同期準回帰軌道を、14日で回帰する。2014年5月24日にH-ⅡAロケット24号機によって打ち上げられた。フェーズドアレイ方式Lバンド合成開口レーダーPALSAR-2により、地表を観測するレーダー衛星である。

活断層運動に関連した地形変位がどのように累積しているかのモニタリングに、最適なツールの一つです。

1.2. 地質が教えてくれること

　野外における地質調査手法は、200年来変わりません。地層を構成する岩石の種類を記載し、その堆積面の方位（走向傾斜）をコンパスで測定し、厚さを計測する。こういう単調な作業を崖があるたびに繰り返すのです。さまざまな岩石の分布を地質図というマップに表すと、野外で発見した岩盤の割れ目を境に地層がずれているのを見出すことがあります。ずれているポイントを追跡して断層線を描き、割れ目の傾斜から地下の形態を表す断面図を作成します。イギリスに始まる産業革命を、エネルギーの面から支えた石炭は、こういった地味な調査によって発見されたのです。実社会との緊密な繋がりを持つ地質学ですが、最近はめっきり専門家が減ってしまいました。特に、大学教員に関しては、野外地

質に携わる人間は「絶滅危惧種」と言われています。これは、学務に追われて研究レベルが低下する中で、形に見える業績（論文数など）を示せというプレッシャーが強まり、手間のかかる地質調査は忌避されてしまうからです。学生も、きつい・きたない・危険と三拍子揃ったフィールドワークを好みませんし、なにより親御さんに怒られてしまいます。まあ、広く世界を見渡せばそれなりに評価されている学問体系ですので、いざとなれば、外国人技術者を雇って国土を調べてもらえば大丈夫でしょう。日本の大学の学部・学科名から、「鉱山学」という言葉は完全に姿を消したと思いますが、米国のColorado School of Minesは、厳として存在しております。近代の国力向上を資源開発によって支えたというプライドがあるのです。

　さて、話を戻しましょう。通常、砂や泥から成った地層は凹地に溜まります。平均的堆積速度が1年あたり1mmに達することは、珍しい方です。それが、上にかぶさった土砂の重みで固い岩石と化し、地殻変動で隆起した後河川などにより削剥され、最終的に崖に露出して地質学者に発見される…というプロセスはそんなに早く進みません。少なくとも通常数100万年を要しますので、調査で認定された断層が果たして今後も動く可能性のある活断層かを、即断することはできません。そのため、地質学的に記載された断層が地震を発生するポテンシャルを持つかどうかを評価する方法は、まだ完全に確立しているとは言えないのが実情です。

　私は、文部科学省が主導する活断層重点観測プロジェクトで、計9年間メンバーを務めました。その間に、地質構造をコンピューターで解析して形態を復元する新しい手法の導入を試みました。これは「バランス断面法」と言って、断面図上で各地層の断面積は保存される（地層が膨らんだり縮んだりしなければ）という非常に明快な原理に基づいています。これがうまく行ったら、構造トレンドの新旧を判別し変形のプロセ

スを復元して、最近になってできた断層を特定できるかもしれない。期待して取り組みましたが、今のところ「これは使えない」というのが率直な感想です。あまりにも必須の入力パラメーターが多すぎ、定量解析を行うために断層運動パターンを無理やりに単純化せざるを得ず、わが国のような地殻変動の激しいプレート収束境界（2枚以上のプレートが近づきつつある境界。プレート間の沈み込みや衝突に伴って頻繁に地震や火山活動が起こり、複雑な変形が生じるとともに急峻地形が形成される）では、適用困難なケースが多すぎる。例えば「断層は横にずれないと考える（そう考えないと断面図上に地層が出入りすることになるので、面積保存が成り立たなくなる）」などと言われても、日本列島とくに西南日本は水平変位が卓越する横ずれ断層だらけですし、「地層は変形が進行する間その容積を変えない」などと言われても、プレート境界周辺に掃き寄せられる付加体は、変形しながら脱水してペチャンコになります。変動帯の現実に全然合ってない。根本的に、発想を変える必要を感じました。

　ちなみに、私はバランス断面法を頭から否定するつもりはありません。石油会社で地質技術者として働いていた頃、アラスカ州ノーススロープ油田地帯の解析例を閲覧しましたが、実に見事に面積保存の前提が成り立ち、地層の変形プロセスを決定することができています。ドロマイト（苦灰石；$CaMg(CO_3)_2$）を主体とする岩石が多く、堆積初期に硬化（地質の言葉で続成と言います）が進み、上に厚い地層が載ってもあまり縮まないのです。要するに、適材適所ということです。

　ここ5年ばかり、面白い研究をやっている有志を募り、専門書を編纂する機会が増えました。2013年に纏めた堆積盆テクトニクスに関する書籍は、現在までに世界中で、累計3万件近くダウンロードしてもらい、ありがたいことだと思っています。堆積盆とは土砂の溜まる凹地ですが、大陸のものは日本がすっぽりと収まるほどの巨大さです。なぜ、ど

のようにして、そんなくぼみができるのかを、多様な角度から考察した論文集でした。その本を編集するに際して、何人もの専門家が投稿してくれた原稿を片っ端から査読したのですが、そこで「堆積盆の形態は、構造運動のタイプを反映して結構そろっている」ことを学びました。それなら、堆積盆全体を形作った古くて大きな構造を仮定して、活断層運動に関連した累積変位の小さい構造だけを抜き取ることができるかもしれない…そのアイデアを昨年纏めた別の専門書で試してみました。

　和歌山北部を横断する中央構造線は、今も活発に動いていますが、今から1億年前を起源としており、国内では例外的に長寿の断層です。形成初期には左横ずれ運動が卓越し、その影響で形成された凹地（専門的にはプルアパート堆積盆と言います）を埋めた堆積物は、現在の和泉山脈に露出して「和泉層群」と呼ばれています。100平方km位の地質調査の結果、和泉層群は実にきれいな「プランジ向斜」構造を持つことが分かりました。これまでに公表されていた地質図では、向斜構造は一部崩れた形に解釈されたのですが、詳しい調査を行った結果、それは新旧2フェーズの構造をごっちゃに見ていることが原因と分かったのです。

　こうなれば簡単です。500地点足らずの観察ポイントで、それぞれ古い構造を剥ぎ取る計算を行って、最近の活断層運動による変形だけを抽出しました。その結果は、中央構造線の末端と分岐部（右横ずれの根来断層と縦ずれの根来南断層が並走する）で変形が大きくなることを明瞭に示していました（図5）。これは、いわば「当たり前」ですので、構造剥ぎ取り法によって、見えるべき変形構造がちゃんと観察できた、ということです。

　どうやらテストは成功のようですので、今は愛媛県を通過する中央構造線セグメントの地質調査を進めています。そこでは、陸上を延びる活断層トレースが瀬戸内海の方にジャンプしているのですが、どのような二次変形が進行しているのか、十分に明らかにされていません。数値モ

デリングで扱うのには条件が複雑すぎますし、砂箱や寒天を用いたアナログ実験でも、二次断層の伝播はなかなかうまく再現できないのです。同じ方法でいったい何が見えるか、解析をするのが楽しみです。

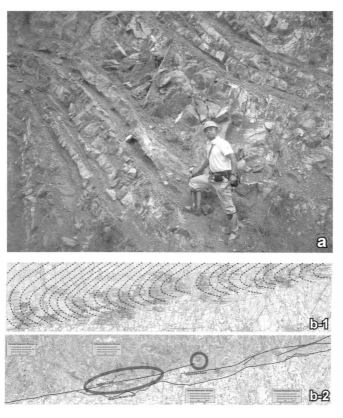

図5 　地質調査の一例

（a）和歌山県岩出市での筆者の和泉層群調査スナップ。（b）構造剥ぎ取り法の適用例。地質調査で認定された和泉層群の古い構造（b-1図の点線）を剥ぎ取る計算を行って、中央構造線活断層系を構成する根来断層（Negoro Fault）と根来南断層（Negoro-Minami Fault）で挟まれたブロック、および根来断層の東端部が激しく変形していることが示された（b-2図の囲み線）。なお、この図のオリジナル（カラー版）は、大阪府立大学の学術情報リポジトリ（愛称：OPERA）から、誰でも無料でダウンロードできる（http://hdl.handle.net/10466/15058）。

コラム1　活断層と地名（昔の人はどこまで気づいていたか）

　日本で、本格的な地質調査が行われるようになったのは、19世紀末以降です。国内の地下資源の開発が必要と考えた明治政府が、西洋式の地質学を学んだ技術者をたくさん呼び寄せました。北海道をくまなく踏破して地質図を編纂したライマン（Benjamin Smith Lyman；米国の鉱山学者）や、フォッサマグナを発見し、ナウマンゾウに名を残すナウマン（Heinrich Edmund Naumann；ドイツの地質学者）は、その代表格ですね。したがって、江戸時代以前の日本人は、自国の大地がどのような岩石で構成されているかを詳しく知らないはずなのですが、現代に生きる我々よりずっと国土の成り立ちを理解していたのかもしれません。

図a　万葉集では、和歌山県かつらぎ町の「背の山・妹の山（妹背の山）」が15首詠まれている。これは、同集では茨城県・筑波山の25首に次いで2番目に多い。万葉の旅人は、紀伊国のむつまじい妹背山を眺めて、ふるさとへの郷愁に駆られたのである（かつらぎ町観光協会ホームページ http://www.katsuragi-kanko.jp/より）。なお、間にある船岡山は紀ノ川の中州で、三波川帯の高圧変成岩よりなるが、川岸のものと比べて変成度が著しく高く、河道に沿って大きな構造境界が存在すると考えられる。

　私が調査している地域での例を挙げましょう。和歌山県の北部には、中央構造線という活断層があります。これは、四国を横断して九州に達する西日本で最大（というよりも、世界で屈指）の断層です。紀伊半島では、中央構造線は紀ノ川に沿って東西方向に延びており、その両側で地質がまったく異なっています。さて、その中流域のかつらぎ町には、「妹背山（いもせやま）」があります（図a）。これは川を隔てて向かい合う二つの山のことで、街道を往来した古代人が、仲むつまじい夫婦になぞらえて名付けたものです。同

様の地名は各地にありますが、紀ノ川をはさむ妹背山は特に有名で、万葉集では15首も詠まれています。「妹（いも）」山を含め、南岸一帯は三波川変成帯に属し、地下深部で高圧型変成作用を受けた岩石が広く分布しています。一方、北岸にはまったく起源の異なる岩石が分布する…と思いきや、「背（せ）」の山だけは妹と同じ三波川変成岩から成り、いわゆる飛び地となっています。これは、ただの偶然でしょうか。それとも、万葉人は山容をみて相通ずる何かを感じ取り、夫婦にたとえたのでしょうか？

　そのような鋭敏な感性を持たない私も、地形を見て調査中にいろいろと感じることがあります。何を非科学的な…と笑われそうですが、断層運動でできた谷を歩いていると、何だか落ち着かない気分になります。別にナマズになった気分で地震発生を恐れているわけではなくて、川の水量と谷の規模が釣り合っていないことから来る漠然とした不安感なのだろうと解釈しています。中央構造線沿いには、何本かの直線谷が平行に並んでいます（図b；主断層の横ずれ運動に伴う二次的な割れ目と考えられます）。その中で最大級の倉谷川は典型的ですね。薄暗くて早く帰りたくなりましたが、仕事をまとめる上で重要なルートなので、結局2晩露営しました。今でも、元は「暗い

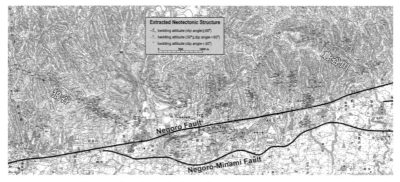

図b　メインの活断層と斜交する平行谷、倉谷川と狼谷。このエリアでは、中央構造線は右横ずれの卓越する根来断層（Negoro Fault）と縦ずれの根来南断層（Negoro-Minami Fault）より成る。狼谷では、和泉層群が堆積して間もなく形成された古い大構造と、活断層近傍の激しい変形ゾーンとが明瞭に識別され、本文で解説している構造剥ぎ取り法を試行するきっかけとなった。

谷川」という由来の名前じゃないかと思っています。それより西側の狼谷は、もっとおかしい。真ん中が峠で、川などとても小規模なくせに、深く真っ直ぐです。ここでも露営で調査する羽目になりましたが、すれ違いも困難な細い道の連続なのに、和歌山ナンバーの軽トラックがしょっちゅう通ります。実は、大阪方面と行き来する際に、交通量の多い道路を避けて雄ノ山峠を越える唯一の抜け道なのです。いずれにしろ、断層谷は人間以外の生物には大変居心地のよい住処のようで、野生動物達の気配に満ちていました。倉谷川で寝つく前に見た蛍の乱舞は、いまだに目に焼き付いています。

2. どうやって地下を調べるか

　地表で分かることだけでは、やはり限界があります。これから説明する地下調査法は、工学や物理学の基礎に立っています。通常そういう学問の教科書は、無数の数式で埋まっています。正確に評価できる結果を出すには、「定量的」で「解析的」な調査を行う必要があるのですが、そういうのはちょっと…という方も少なくない。私の奥さんは、数式を見ると泡を吹きます。そこまで極端でなくても、自分自身が今所属している物理科学科の最近の不人気ぶりを見ても、苦手意識を持つ人が多いのは容易に想像できます。この本は、実際に読者がデータ分析するための手引きが目的ではありませんし、「はじめに」で宣言したように、理・文系を問わず読んでもらえる書物を目指していますので、あえて「極力数式を使わずに地下探査法のアプローチを解説する」ということにチャレンジしたいと思います。要するに、何が知りたくて、どうやって調べるかの基本を説明していきます。

2.1. ボーリング調査の威力と限界

　地下の様子を調べるには、そこにある岩石を採取してくるのが、結局のところ一番確かです。ボーリング調査では、大量の鉄管を積んだ巨大な掘削装置（図6）を用います。鉄管を何本も繋ぎ、先端の硬い金属でできた錐（表面に工業用合成ダイヤモンドを散りばめることもあります）を回転させて、岩盤を掘り進みます。ボーリング孔が詰まらないように、錐の中心部から水（正確に言うと、岩盤からの流体噴出を抑制し、なおかつ、岩盤を破壊してしまわないよう綿密に密度調整した「泥水（でいすい）」と呼ぶ流体）を噴き出し、掘り屑（カッティングス）を地表まで運び上げます。それは、地下がどのような岩石で構成されているかの、貴重な情報になります。さらに、中空の錐を用い、岩石を筒状に

図6 資源探査で用いる掘削装置（リグ）
数10mの櫓を中心とした、巨大な構造物である。右図の例では、水中にフロートがあり、リグはその上に乗った状態で、ボーリング調査を行っている。

抜き取って（コア試料と言います）回収することもあります。孔は垂直に掘るだけではなく、任意の角度に曲げて掘進することも可能です（図7）。これは、主に石油や天然ガスを回収するために開発された技術です。水平に近い油の溜まった地層（貯留岩と言います）に垂直に掘り込んでも回収効率が悪すぎますので、地層に沿って掘りたっぷりくみ上げようというわけです。

　砂や泥が固まった岩石には、それらが沈殿した際に、一緒に埋まった生物の化石が保存されていることがあります。掘り屑やコア試料の微生物化石の種類を実体鏡で丹念に調べれば、いつできた岩石か決定できます。もちろん、掘り屑はきれいに洗浄して顕微鏡観察し、岩石の種類をリアルタイムで決定します。よほど未開の場所でない限り、どのような地層が出現するかについては予想がありますので、それと合致するかど

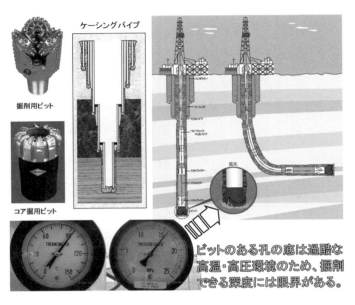

図7　ボーリング調査の概要

岩盤を掘る錐（ビット）は、先端が硬度の高い合金や工業用合成ダイヤモンドでできており、コア採取の際は、中空のビットを用いる。1000mを超える大深度掘削の場合は、鉄管を挿入して孔壁の崩壊を防ぐ。右図のように、任意の方向に孔を曲げて掘り進むこともできる。エスケイエンジニアリング㈱のホームページより転載。地下は極めて高温高圧となるので、過酷な作業環境である。

うか、化石の示す年代と矛盾はないか、などについて入念にチェックが行われます。残された孔も、無駄にしません。いろいろな計測装置を降して測定を行います。通常調べる項目は、電位差・比抵抗・音波速度などです（図8）。地層のミクロな隙間は電解質溶液で満たされ、岩質により電位差を生じます。同様に、構成する粒子の平均的な電気抵抗値の差を反映して、比抵抗値も岩質に従い変動します。一方、音波速度は、いわば岩盤の硬さを表す指標と考えられます。

　これとは別に、孔壁に放射線を照射することもあります。ガンマ線を使えば、密度が分かりますし、中性子線を照射することによって、含水

第1章　活断層の調べ方：どうやったら危険さの度合いがわかるか

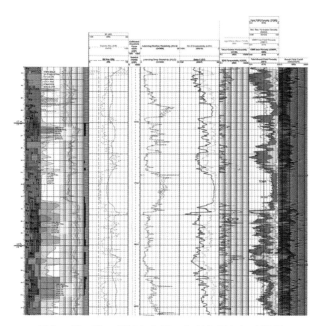

図8　ボーリング調査を行いながら得られる情報
左端は、掘り屑を顕微鏡観察して、岩石の種類を調べた結果。右の折れ線グラフは、孔に様々な計測装置を降して測定した、電位差・比抵抗・音波速度・自然ガンマ線強度など。岩盤の密度は、放射線源を内蔵した装置を降下して、ガンマ線の散乱強度を測ることで、知ることができる。これらのデータは、人工地震探査の結果を解釈する際に、貴重な情報となる。

率まで分かります。もっとも、これらは放射性物質を地下に持ち込む作業ですので、万が一にも引っ掛かって上がってこなくなるような悪夢が起こらないように、細心の注意を払う必要がありますが。また、大深度ボーリングの際には泥水循環させますので孔壁の様子を見ることはできませんが、多くの端子を配置した装置で非常に細かく比抵抗値コントラストを測定し、その結果をコンピューターで処理して、あたかもカメラで地下を撮影しているかのような映像を得ることもできます。

　この本の後半では、大阪平野を例に地盤の成り立ちを解説しますが、その都市圏ではこれまでに、実に6万本のボーリング調査が実施され、

23

データベース化されています（我々が利用申請すれば、貴重なデータを研究目的で使うことが可能です）。そのうち、10数本は200m以上の大深度まで達し、地殻変動で形成された堆積盆という巨大な凹地の成り立ちを考える際にも、重要な手掛かりを与えてくれます。同じ年代の地層の深度が隣り合うボーリングでずれる場合、その間に断層が存在する可能性があります。ずれている地層が最近のものならば、それは活断層と言えるかもしれません。年代が分かる複数の地層のずれ量を比較すれば、時間と共にどのように断層が動いたかを突き止めることすら、できるかもしれません。

　このように、ボーリング調査は大変威力があります。それなら、地下の様子を知りたければあちこちに孔を開けて直接観察すればいい、と思うかもしれませんね。でも深くなるほど温度が上がり圧力が高くなるので、実際にはそんなに掘れません。例えば直径20cmの玉を地球とすると、人間が掘れるのはせいぜいボール紙1枚の厚さくらい…。ちゃんとした数字を述べますと、日本で最も深く掘れた孔でも、6310mに過ぎません。私は、石油会社で働いていた時に、そのボーリング現場に行ったことがありますが、孔内を循環する泥水が地下の高温で熱せられ、温泉のようにもうもうと湯気が立ち込めていました。これでは、計測装置を降して岩盤の性質を調べること自体が、難しくなってしまいます。技術的な困難の他にも、あまりにもコストがかかるので、個人や地方自治体レベルで十分な調査をすることは、不可能に近いという事情もあります（参考までに、図6のような掘削装置のレンタル料は、約1000万円/日です。数千m掘るのに100日以上はかかるので、予算は10億円を超えてしまいます）。どうやら、我々は地球に孔を開けずに調査する方法を工夫する必要がありそうです。

　地球をスイカだとしましょう。お店で美味しそうな玉を選ぶ時に、皆さんはどうしますか？2つに割るわけにはいきませんから、軽く叩いて

音を聞きます。それと同様、さらに深い地下は地震の波の伝わり方で調べるのです。自然に起こる地震を待つのは大変なので、ふつうは人工地震を発生させて観測します。また、スイカにどれくらい身が詰っているかは、要するに重さの問題です。重さ（正確には密度）が変わると重力の強さが変わりますから、それを測ることもあります。もうひとつ、方位磁石がどこでも北を指すことより、地球全体が磁気を帯びていることが分かりますので、その性質を測ったりもします。これら、「波の伝わり方」や「重力」や「磁気」はすべて物理の知識です。それらを応用して、手の届かない地下を見通す方法を工夫するのが、地球物理学という分野です。以下の3つの節では、地球物理学に基づく方法の中で、特に断層が動き地震が起こる地球の薄皮（厚さ数10kmの岩石より成り、地殻と呼びます）の調査法について解説します。

2.2. 重力が教えてくれること

　手を離すと、持っているものは下に落ちる。これは、地球の重力が原因です。そして、重力の強さを決めるのは「万有引力の法則」です。誰でも聞いたことのあるこの法則が、重力データを扱う際に必要な全てです。まず、地球の形であるジオイドを決めて（ほぼ球形ですが微妙にデコボコしているので）、不規則な凹凸のないツルンとした仮想的地球の重力を計算します。これと、実際に観測された値の差が「重力異常」で、解析の対象となります。

　重力の生の観測値を仮想地球上の値に換算するには、さまざまな補正が必要です。測定地点をジオイド上に移動させるフリーエア補正、測定点とジオイドの間に存在する岩盤の引力を引き去るブーゲー補正、地表の凹凸による重力値変動を調整する地形補正等々、観測地点の全てについて一連の補正計算を実施した上で、最終的な重力異常データが残差として求められるのです。

地球を構成する物質は、中心に近づくほど密度が高くなります。真ん中の核は鉄が主成分ですし、それを取り巻くマントルの主成分・カンラン岩は圧力の低い最上部でも3.3g/cm³以上です。これに対し、表面の地殻の岩石は、一番重い塩基性火成岩でも3.0g/cm³、堆積盆を埋めている未固結の泥では2.0g/cm³を下回ることもあります。この差がいかに重力値に影響を与えているか、コンピューターでモデル計算を繰り返して、最適な地下構造（正確には密度分布）を決定します。

　モデリングの際、透視できない地下の岩石密度を、どうやって推測するのでしょうか？堆積盆というのは、要するに巨大な洗面器で、土砂の詰まった洗面器の縁は、平野を取り巻く山地です。そこに露出する岩石の密度で、地下の岩盤密度を代用するのは、最も基本的な推定法と言えます。例えば、大阪平野は過去200万年間に土砂で埋め立てられたお盆ですが、その縁にあたる六甲山地や生駒山地は、ほとんどが花崗岩という火成岩でできています。お盆の底にも似た岩石がある、と考えるのが自然でしょう。あと、すでに述べたようにボーリング調査で、コア試料の密度を測定できれば、もっと信頼度の高いデータが得られるでしょうし、孔内に降した装置からガンマ線を孔壁に照射して、平均電子密度に比例するコンプトン散乱強度を求め、連続的に密度を計算することもできます。

　実際に観測に用いる重力計は、要するに極めて高精度のばね秤です（図9）。山岳地帯でも運搬可能ですし、船の動揺をどうやって抑えるか工夫すれば、海上でも測定できます。このため、ほぼ日本全土に亘って情報が得られており、誰でも極めて安価にデータCDを購入したりダウンロードしたりできます。この本のテーマである活断層は、平面図では、重力異常値の急変する直線トレンドとして認定されます。コラムでも触れている大阪の上町断層は、非常に顕著な重力異常勾配を示すことから、早くから注目されていました。口絵1を見てください。北緯34°

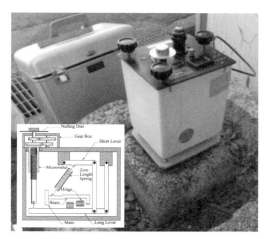

図9 ラコスト重力計（LaCoste & Romberg gravimeter）
代表的な相対重力計である。零長スプリング（zero-length spring）を斜めにつり、テコ機構により支えている。重力の増減によっておもりが上下してスプリングが伸び縮みするので、その量を測定ダイアルの回転数で計って、重力値の差を求める。測定レンジ5000mGal、ドリフト10～20μGal/日、精度10μGalという高性能を持つうえ、重量3kgと野外測定用として極めて優れている。

40'～45'辺りにくっきりと、南北方向の重力異常コンターが並ぶのが分かると思います。このように、活断層評価を行う際は、まず重力データを入手して大まかな傾向を掴むことが大変重要です。

　まとめます。活断層評価に関する限り、重力データは多くの場合、堆積盆（軟らかく低密度の堆積物が詰まっている）という容器（高密度の基盤岩で出来ている）の形状を示します。重力値が急変するところには、地下に急斜面が隠れており、断層活動によって成長した崖の可能性があるのです。

2.3. 地磁気が教えてくれること

　磁石の針は北を指す、これはかなり古くから知られていました（中国故事に「指南車」という常に行先を指し示す人形を載せた、軍用車両の

挿話があります）が、その原因はずっと謎のままでした。近世になって信頼できる磁気測定が可能になり、地球中心に双極子（要するに棒磁石）があると仮定すれば、磁場分布が説明できることが偉大な数学者ガウスによって示されました。その後、液体状態の外核（鉄より成っています）の流動によって安定な双極子磁場が存続する、という地球ダイナモ理論が整備されて、地磁気発生メカニズムの理解が進みました。蛇足ですが、地球型の惑星の全てが強く安定した磁場を持つわけではありません。たとえば火星は、最近の人工衛星データによると、はるか昔に磁場を失ってしまったと考えられています。内部ダイナモが稼働し続けるには、サイズが小さすぎたのです。

　磁気測定にはいくつか種類がありますが、磁場強度のみを求める「全磁力測定」は非常に迅速簡便です。その測定に用いられるプロトン磁力計は、構造上ゆれの影響を受けないので、航空機でも測定が可能です。このため、データのカバー率は重力よりさらに高く、海陸を問わず情報を入手することができます。重力と同じく、単純化された仮想地球（ちょうど中心に自転軸に平行な双極子が存在する）を取り巻く磁場分布を計算して、実測値との差を地磁気異常として表現します。

　さて、実測された地磁気分布は、なぜ仮想地球の値と食い違うのでしょうか。それは、地球表層を構成する岩石の磁化が原因なのです。ちょっとくどくなりますが、「磁化」についてコメントを。岩石に限らず、磁化は「誘導磁化」と「残留磁化」に区分されます。例えば、スクラップ工場で活躍する電磁石は、コイルに電流が流れている間はポンコツ車を吊り上げるパワーを持ちますが、スイッチを切ると磁化はゼロになります。一方で、コンパスで用いる磁針は、べつに手をかけなくても磁化を消失しません。前者が誘導磁化で、外部磁場に平行です。後者が残留磁化で、周りの磁場に影響を受けません（これは、キャッシュカードを始めとする全ての磁気記憶媒体の原理です）。岩石も同じ。その中

に含まれる強磁性鉱物の種類（多くの場合酸化鉄ですが、その酸化度や粒子サイズあるいは不純物の量により、実に多様に性質が変わります）によって、どちらの磁化成分が優勢か決定され、磁化の強さと向きが変わってきます。以下に述べる海洋底の地磁気異常パターンは、残留磁化の効果が凌駕した典型例です。なぜそこでは残留磁化が優勢なのか、そもそも強磁性鉱物の物性はどういう仕組みで決まるのか、は我慢して別の機会に譲り、話を進めることにしたいと思います。

地球科学史的に、太平洋や大西洋など大洋底の岩石が規則的な縞状（かつ海嶺という海底大山脈を中央に対称形を成す）地磁気異常を持つことが発見されて、海洋底拡大説が提唱されたことと、その説を普遍化してプレートテクトニクスが誕生したことは、あまりにも有名ですね。海洋底の地磁気異常がずれるところは、すなわち断層があるはずですので、その形態並びに地震活動・ずれ方向の考察から、プレート論で非常に重要な「トランスフォーム断層」という概念が創出されたということも、地球科学の基礎を学ぶ大学生が1年目の前半に教わる内容です（図10）。

このように、歴史的にさまざまな興味深いトピックスのある地磁気異常ですが、その解析には注意が必要です。原因は、地球磁場は時間とともに変動する、という事実に集約されるでしょう。地磁気双極子は自転軸の周りをフラフラと摂動します（永年変化）。その強度も変化しますし、挙句の果てに極性が反転することもあります（そのインターバルは100万年～1億年程度で一定しません）。これは、まさに海洋底の縞状地磁気異常の原因であり、地球年代尺度ともなる極めて大事な現象なのですが、そのお陰で地磁気異常の解析の任意性が高くなることは、否定できません。

さらに、地磁気異常の原因となる岩石の磁化が、実に変化に富んでいます。火成岩の磁化強度は堆積岩の1万倍以上にもなります。また、す

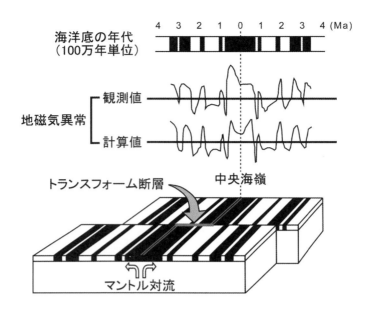

図10 地磁気異常と海洋底の拡大

プロトン磁力計で測定した大洋底の地磁気異常は、中央海嶺という海底の大山脈の両側で対称形になっている。VineとMatthewsは、海洋地殻の玄武岩が、冷却する際に地球磁場の反転現象を記録したためと考えた。これは、マントル対流によって、中央海嶺を軸として海洋底が拡大していることを意味する。中央海嶺がずれているところには、水平にずれる「トランスフォーム断層」というプレート境界が形成される。

べての物質はキュリー点という固有の温度を超えると磁化を消失しますので、地下深くにあって高温になった岩盤は地磁気異常の原因となりません。重力でたとえると、堆積物の地盤は真空と同じ、温度が上がると全ての岩石は質量がゼロになる、ということと同じです。これでは、信頼できるモデル構築は難しい。ネガティブな点を色々述べましたが、それでも、地磁気異常の原因を理解することは、地下構造を解釈する際に有益です。

　まとめましょう。活断層評価に際して、重力と地磁気では見えるものが少し違います。磁化の強い地中の物体は、通常マグマが冷え固まった

岩石ですので、火山活動（今噴火しているものだけではなく、すでに死火山となった非常に古いものも含みます）の痕跡を示すと考えられます。大阪平野周辺の地磁気異常パターンを、口絵2に掲げていますので、ご覧ください。ところどころ赤く彩色されている部分に、強磁化の物体が埋まっています。これは、堆積盆の形ではなく、器に乗っかった堆積物とは違う何かを表しているように見えます。次章では、実例に即して、その正体が何なのか具体的な説明を行いたいと思います。

2.4. 地震波が教えてくれること

　地震探査と医療用のエコー検査は、同じ原理に基づいています。医療用エコーでは、お腹に丸っこいプローブを当てて、お医者さんがモニター画面を見ながらあちこちを撫でまわしますね。プローブの中には、超音波発振器および受振器が入っています。そこから超音波を発射すると、体内の骨や内臓にあたってエコー（こだま）が返ってきます。これをコンピューターで処理して、まるでお腹を切り開いたような鮮やかな画像として、体内を観察することができるのです。

　地面を人工的に揺らすと人工地震波が発生して、地中を伝わっていきます。それは、屈折したり反射したり、地表に戻ってまたはね返されたり、複雑な伝わり方をします（図11）。この中で、発振点と受振点の中間で一度反射して戻ってくる波を使って地下を探るのが、反射法地震探査です。屈折波を用いる探査法もありますが、活断層の調査に関してはあまり用いられないので、ここでは説明を省きます。さて、波はなぜ反射するのでしょうか？光も波の一種ですが、水面で反射してキラキラ輝きますね。波が伝わって行く時には、性質の異なる物の境界面ではね返されます。ここで言う「性質」とは、地震波の場合には、物質が重いか軽いか、硬いか軟らかいかという、2つの特徴の掛算で決まります。堅苦しい言葉では、密度と弾性波速度の積（音響インピーダンスと言いま

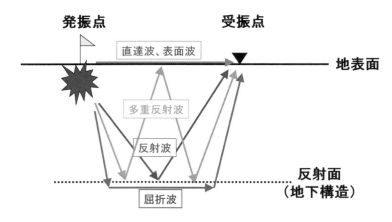

図11　発振により伝播する地震波

す）が急変する面で反射されるのです。その実体は、異なる年代や起源の岩石が接している面であり、代表例が断層面なのです。

　それでは、どうやって人工的に地震を起こし、どうやってその反射波を受け止めるのかを解説しましょう。自然に起こる地震は、グラッと来てからしばらく揺れが続きます。その間に発生した波が次々と地中を伝わっていきますので、全部を受け止めると何がなんだか分かりません。ですので、人工地震の振源（自然地震と区別するため「震源」とは書きません）は、一瞬にパワーを集約した衝撃波が良いのです。そういう波を発生する代表選手は、ダイナマイトなどの爆薬です（図12）。地面に数10mくらいの孔を掘り、底で爆薬を炸裂させると小さな地震が起こります。この方法は、残念ながら使える場所が限られます。例えば、街中でダイナマイト使用など、許可されるわけがありません（持ち歩くだけで捕まります）。そこで、バイブレーターという大型車両で地面を揺する方法も使います。これは、真ん中のパッドが突き出して腕立て伏せのように車体を持ち上げ、貧乏ゆすりのように振動を起こします。1台ではパワーが足りないので、何台もずらっと並んでリズムを合わせて振動

図12　人工振源の数々
① ダイナマイト（発振孔掘削作業中）、② 大型バイブレーター、③ エアガンアレイ。

します。この場合は、波を起こす時間が長いので、上で述べた「何がなんだか分からない」ことになりますが、揺すりながら波の周波数を変えることによって、コンピューターで波を処理して、衝撃波の場合と同じデータを得ることができるのです。これとは違うタイプの非破壊振源として、地面に打撃を与えて地震波を発生させる、油圧インパクタという自走式の装置もあります。

　地震探査は、陸上で行うとは限りません。海や湖で水底に潜む活断層を評価する際には、別の工夫が必要になります。爆薬を使うと魚が死んでしまいます（これも、お上が黙ってはおりません）し、バイブレーターを水上に持っていくわけにいきません。そこで、エアガンという装置がよく使われます。これは、頑丈な鋼鉄製容器で、圧搾空気を勢い良く水中に噴き出し、波を発生します。この場合も１個ではパワー不足ですので、枠にモビールのようにぶら下げて、同時に空気を発射します。この際、サイズの異なるエアガンを組み合わせ、気泡ノイズ（噴き出した泡がプヨプヨ揺れるのが原因）を、周期の違う振動を重ね合わせて打ち消します。まさに、あの手この手ですね。では次に、こうやって発生

して、地中で反射して戻ってきた波を、どうやってキャッチするかを見てみましょう。

　陸上探査で用いる受振器は、ジオホンと呼びます。これは、プラスチックの密閉容器に磁石を入れたものです（図13）。磁石は容器に固定され、磁石の周りには幾重にも巻かれたコイルがバネで吊るされています。地震波で容器（磁石）が揺れた時に少し遅れてコイルが揺れるために誘導起電力が発生するので、この電圧変化を記録するのです。海上の場合には、ハイドロホンが用いられます（図13）。水のような液体は進行方向に直角に揺れる横波を伝えませんので、縦波（粗密波）が起こす圧力変化を電圧変化に変換するセンサーが封入されています。ジオホンにしてもハイドロホンにしても、1個では感知できる信号は大変微弱なものです。そこで、通常は何100個も数珠つなぎで用いられます。ジオホンは、等間隔でコードに繋がれており、ひとつずつ「トゲ」のような部分を地面に刺して固定します。ハイドロホンは、同様に等間隔で繋ぎ、沈まないよう油で満たされたビニールチューブに封入します。これを、あたかも吹き流しのように船から曳航して、調査を行うのです。これらジオホンの並びやハイドロホンを曳航した船は、地下を知りたい場所に

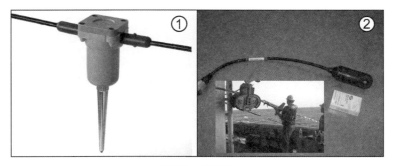

図13　受振器
① 陸域受振用ジオホン、② 海域受振用ハイドロホン（挿入写真は、ストリーマーケーブル曳航風景）。

沿って二次元的に連続して設定されます。この二次元的な収録場所を、地震探査測線と呼びます。

次に、得られた地震探査データをどうやって加工するかを見てみましょう。ジオホンやハイドロホンは、地面や水面に直線状に展開され、それぞれ揺れを表す電圧変化を伝えます。多数の受振器の記録を測線に沿って「縄のれん」のように並べる（このたとえだと、縄の長さが地震を起こしてから記録を取った時間に、のれんを吊るすてっぺんの横棒が時刻ゼロのラインになります）と、そのまま地下の断面に見えるでしょうか（図14）？いや、何だか白抜けの部分があったり、縞々の部分が山の形になっていたり、様子が変です。これは、発振点と受振点の距離（これを「オフセット距離」と言います）の違いにより地震波が到達するのに掛かる時間差を表しています（白抜け部は、波がまだ届いていない状

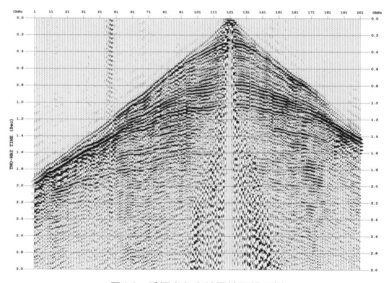

図14　受振された地震波記録の例

多数の受振点の記録が、順番に並んでいる。受振点は、共通の反射点を持つグループを選び出している。

態にあたります)。山の頂点は、発振点のすぐそばにある受振器のデータです。黒いところが強い地震波の届いた瞬間であり、てっぺんからそこまでの縄に沿う(垂直方向の)長さが、地震が発生してからの時間です。山の「表面」は直線状に傾いています。これは、地表を直接伝わってきた波(直達波)が届くまでの時間が、オフセット距離に比例することを表しています。その下に、何本も弓形に曲がった黒い帯が、山の両サイドに向かって下がっていきます。これが、強い反射波を表しています。曲がっているのは、異なる岩石の境界などの、反射面の形を表しているのではありません。波は発振点と受振点の中間で反射して、折れ線の経路をたどって地表に戻ります。その２点間のオフセット距離と所要時間(これを「往復走時」と言います)の関係が、曲線で表されるパターンになっているのです。ある１点の発振に対し測線に沿って地表に連続的に並べられた受振点の記録を連続的に表示し、また次の１点の発振に対し測線に沿って地表に連続的に並べられた受振点の記録をやはり連続的に並べることを繰り返すと、こういうパターンが得られるのです。

　さあ、こういうオリジナル記録を、どうやってリアルな地下の様子にするのでしょうか。測線に沿って連続的に並べられた受振点の記録は、ノコギリの歯のようですね(図15)。下の方が白っぽく見えているのは、遠方の反射面から戻ってきた波ほど、パワーが落ちてしまうためです。エコー(こだま)が、遠くの山からの物ほど小さくなるのと同じですね。これを、同じ強さに揃えてやり(真振幅回復:True Amplitude Recovery)、さらに、波形を補正します。反射波のパターンは、「地下に送り込んだ波の形(基本波形と言います)」と「波を反射する岩盤特性の変化」とで決まります。ややこしく言うと、それら２つの畳み込み積分(コンボリューション)になるはずです。そこから、波を反射する岩盤特性の変化(これまた、ややこしく言うと、音響インピーダンス変化を表す反射係数列)だけを抜き出すデコンボリューションという操作

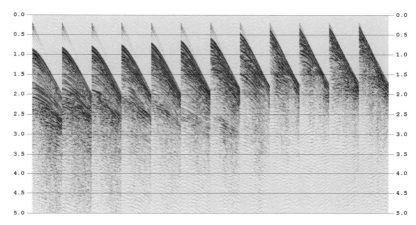

図15　処理解析前の地震波記録
一定間隔で共通反射点データを並べている。

が、反射波形を地層面などの現実の地下の形に近づけようとする補正の実態です。これらが完了すると、一面に反射パターンが現れ、現実感が出てきます（図16）。

　しかし、このままではノコギリのようなパターンは解消されていません。これは、各受振記録が異なるオフセット距離で取得されているためであり、私たちが知りたいのは各受振記録がある点の直下を示す記録、つまりオフセット距離がゼロとなるような補正が必要です。そこで、オフセット距離に応じて到着時間を縮めてやる走時補正（Normal Move-Out）を行います。前の説明で用いたたとえを借りれば、縄のれんの片端を引っ張り上げる感じですね（図17）。こうしてできたデータですが、微弱な反射波を強調するため測線上の同じ点の直下を示す記録を多数収録しておりますので、これを測線上の同じ点ごとに足し合わせる「重合」を行います。これは、反射法地震探査で最も重要な処理なのです。要するに、振幅を揃えて走時のずれを直してからすべての受振点データを合体させれば、反射波（Signal）は強調され、ランダムに発生する雑音

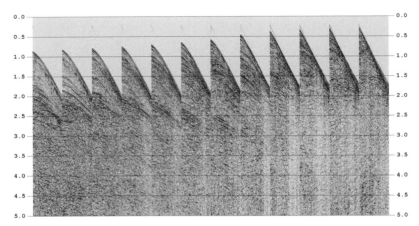

図16　振幅回復・波形補正後の地震波記録

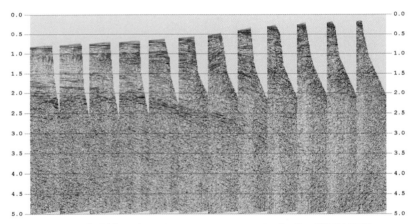

図17　走時補正（NMO；Normal Move-Out）後の地震波記録

（Noise）は打ち消しあって低減する（シグナルとノイズの比率すなわちS/N比が向上すると言います）ことになります。これにより、地下を知りたい測線に沿って、各点の位置の順にぶら下げた縄のれん（重合断面）には、地下の様子が鮮やかに描き出されています（図18）。

　さらに、もうひと押し。オフセット距離の補正で得られた重合断面に

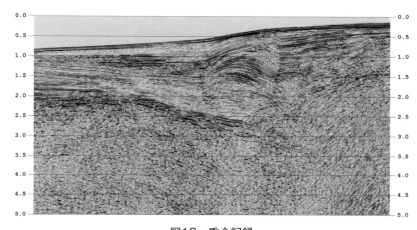

図18　重合記録
共通反射点（CMP；Common Mid-Point）の順に重合記録を並べた断面図。

は、ひとつ大事な（そして、あまり正しくない）仮定があります。それは「地震波は、地面から真下に向かって進み、反射面で真上にはね返されて記録された、と考える」というものです。断層面は水平とは限りません（それだと地表に届きません）し、地層面は平面とは限りません（それなら地震探査の必要性は乏しいでしょう）。変化に富む形のものにボールを何度もぶつけて、すべて同じ方向にバウンドするとは、だれも予想しないでしょう。ピンボールやビリヤードなどを思い浮かべても、分かるかと思います。そこで、波が本当にやってきた方向を推定して、反射面を移動させる計算を記録断面全体で行います。これが、マイグレーション処理です。この処理を完了した重合記録は、本物の地層と比べても違和感がないのではないでしょうか（図19）。

　いやいや、縦軸が時間（往復走時）というのも何かしっくり来ない、やっぱり距離（深度）じゃないと…という場合、それぞれの地層の地震波速度から、往復走時を深度に変換して、深度断面図を作成することもあります。どうやって地震波速度を求めるか、その説明は別の機会に譲

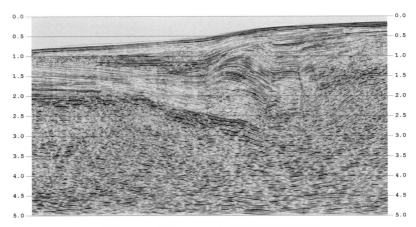

図19　マイグレーション処理後の重合記録

通常は、こういう断面図を用いて、地下構造を解釈する。この場合、図の縦軸は時間（往復走時：Two-Way Time）であるが、地層の地震波速度分布に基づいて、深度に変換することもある。

りたいと思います。この節は、かなり長くなりましたので、皆さんの集中力が途切れる前に、終わりにしましょう。ただ、ここまでに説明した一連の処理の過程で、実は速度に関する貴重な情報も得られていること、そして、ボーリング調査と組み合わせればさらに信頼できる速度分布を（しかも複数の方法で）推定し得ることは、指摘しておきたいと思います。

　ちょっと、蛇足です。上に「本物の地層と比べても違和感がない！」などと書きましたが、実際には、違和感がなくなる方向に処理を進めています。複雑な一連の処理プロセスでは、さまざまなパラメーターを与え計算を行いますが、その数字をほんの僅かいじるだけで、アウトプットされる地下のイメージは、猫の目のように変わります。その中で、非現実的な（経験的に、地層はそのように堆積したり変形したりしないと判断される。あるいは、調査地域の既存情報から、そのような構造が存在するとは考えにくい）ケースを排除して、最適解に絞り込んで行くの

です。地表では想像もつかない構造が、地下で発達する可能性もありますので、「もっともらしい答を得るために、データを捻じ曲げる」かのような事態に陥らないように注意する必要はあります。しかし、地震探査技術は、もともと地下資源を開発する目的で進歩してきましたので、誤ったアプローチはあまり見逃されていません。なぜなら、地震探査データが描き出した地下断面図に基づいて、ボーリング調査を実施し、地下資源を探すからです。もしイメージングが誤っていれば、その部分を掘り抜いた時点で、すぐに明らかになってしまいます。このように、地下を探るさまざまな技術は、多面的に組み合わされ、総合的に評価されて、はじめて検証可能な科学となるのです。

これは、裏返すと、わが国の大学で地震探査情報を活用した教育研究が根付かない現実と関連しています。「多面的」で「総合的」なカリキュラムなくして、ただ山を歩けるだけの人間やただ計算が得意なだけの人間に、理にかなった解釈をせよというのは、無茶です。もちろん、全般的な学力低下も深刻です。最近、私と同じ物理科学専攻に所属する教員に聞きましたが、授業で「音とは何ですか？」と学生に問うたところ、多数派の回答は「電磁波の一種」だったそうです。ちなみに、その教員が「高校の理科では習わなかったの」と質すと、「先生に、大学入試で万が一そういう問題が出たら捨てろと言われた」と教えてくれたらしい。そういう人達に反射法探査の原理を理解させるのは、あまりにチャレンジングですね。鉄棒で、逆上がりができない初心者相手に、大車輪をせよと迫るのに等しい。いくつかの大学や研究所で、それなりの規模と内容の探査が行われたこともありますが、精力的に探査を行っていた人が定年退官すると、後には何も残りません。持続的な科学の発展に必要な組織・システムが、この分野では欠落していると思います。

最後に、活断層評価に反射法地震探査を用いた例を、一つお見せします。図20は、和歌山県北部で、中央構造線をまたぐ測線を設定し調査を

行った結果です。北(大阪側)に傾く断層面が鮮やかに観察され、それを境に、基盤岩が堆積層にせり上がっている様子が分かります。古い基盤岩と新しい堆積層の境界は、測線南端のボーリング調査で確認されております。ここまで分かったら調査は大成功!と思われそうですが、実際には(科学とはちょっと異なる領域で)かなり頭の痛い解釈をせざるを得なかった経緯は、コラム3に記述しています。

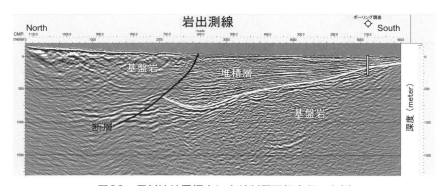

図20　反射法地震探査により断層評価を行った例
和歌山県北部で、中央構造線をまたぐ測線を設定し調査を行った結果、北(大阪側)に傾く断層面が発見された。それを境に、基盤岩が堆積層にせり上がっている様子が分かる。古い基盤岩と新しい堆積層の境界は、測線南端のボーリング調査で確認し、地震探査データに基づいて追跡されている。典拠については、巻末の「参考文献・情報源」に示す。

コラム2　地震探査現場での経験（未知との遭遇）

　本文に書いたように、人工地震探査の現場作業は、非常に大掛かりです。複雑な作業を分担する多くのスタッフとさまざまな機材があふれて、時々刻々とデータが収録されていきます。私は、1989年（平成元年）に博士号取得の後京都大学をやめ、石油会社に就職しました。正確に述べると、石油や天然ガスを「探す」会社をバックアップする特殊法人です。そこで駆け出し地質技術者として見聞したことは、すべて初めて経験することばかりで、地球科学を研究する者として大変貴重なバックボーンになっていますが、その現場の特異さも半端ではありませんでした。今も記憶に残るエピソードを、いくつかご紹介します。

　就職した頃、我が国の石油業界では、幾つかの会社の新卒技術者が一堂に会して、半年以上いろいろな現場を巡って研修する習慣がありました。泥だらけになって山を歩き同じ釜の飯を食う地質調査を、とりあえず梅雨明け頃に切り上げて、夏には地震探査の現場研修が始まります。私は東北大学出身の相方と共に、北海道・中標津のバイブレーター現場に放りこまれました。作業は単純で、ケーブルで一連なりに繋がれたジオホン（受振器）を両肩に担いで（結構重い）、ひとつずつ地面に固定します。それらを全てADコンバーターに接続してから、人工地震を発生させ、反射波による電気信号がトラックに積み込まれたコンピューターに伝送・記録されます。それが完了したら、バイブレーターが次の発振点に移動しますので、ジオホンを展開し直します（要するに、ピンで地面に刺さった受振器を引っこ抜いて、次のポイントに再設置するのです）。これが延々と、発振点数だけ繰り返されるというのには驚きました。作業量の多さに閉口したパートのおばさんたちがストライキを決行し、技術屋さんがジュースを配ってなだめていたのを覚えています（私たち研修生もお裾わけに飲ませていただきました）。

　その研修が終わると、空路で新潟に移動して、ダイナマイト振源を使う現場に合流しました。昼時に食欲が湧かないほど、フェーン現象で暑かったという点が強烈ですし、やはり爆薬が怖かったことが記憶に残っています。現

場の方々も、気のせいかもしれませんが、ピリピリしていたように思います。私らヒヨコの役目は、穴埋めでした。田んぼのあぜに可動式掘削機で50 mの穴を掘り、その底で振源ダイナマイトを炸裂させるのですが、ほったらかしにする訳にはいきませんので、手押し車で砂利を運んで柄杓で穴に注ぎ入れ、ひとつずつ埋め立てるのです。稲には絶対に泥水をかけるな、という厳命でした。パートで同じ作業に携わっていた地元のおじさんが、「はじめに聞いた時はまるで地球防衛軍みたいな話だったのに、実際にやっとることは原始人と同じだ」と愚痴っていたのが、妙に印象に残っています。

　研修を終えて入社２年目に、年嵩の地震探査技術屋さんの陰謀で、まったく予想しなかった海上探査の現場に放り込まれました（紀伊水道〜四国の南方海域でした）。それまでフェリーなどしか乗ったことがありませんでしたので、徳島港に接岸した調査船の小柄さにちょっと驚きました。乗組員は、まさにワールドワイド。操舵手はスーツを着せたらチャイニーズマフィアで十分通る風貌ですし、甲板員の一人は、往年のロックミュージシャンのロッド・スチュワートそっくり、相部屋の若い技術屋スナッディーさんは、アフロヘアで褐色の肌の陽気な伊達男でした。

　つまらないことですが、私は乗り物に大変弱く、小学生の時には電車で酔って動けなくなったこともあります。それが、木の葉のように黒潮で揉まれるたかだか800トンの船に乗らされたのですから、いやもう大変でした。出港２時間後には何も食べられなくなり、次に陸に上がるまで、匂いの強い食べ物は一切受け付けなくなりました。結局白飯と佃煮で持たせたようなものです。せめて仕事をしていれば気が紛れるのですが、私の専門は地質なので、地震探査の現場では特にやることがありません。「とりあえずブラブラしてればいいよ」などと言われた時には、気が遠くなりました。

　それだけでなく、私が乗った船は、大変困ったことが一つありました。トイレは洋式の奴が船首付近にあったのですが、大しけになると、波浪の圧力で下水が逆流してくる（便器の中のモノが噴き上がる）のです。船酔いで動けず、波が船腹を叩く音を聞きながら寝棚でダウンしていると、とりわけ大きく船が揺れると同時に「ドーン」と波音が響きます。それに続いて、船首

の方から「Oh…!!」という非常に情けない悲鳴が聞こえ「あー、またやられたな」と思っていました。まあ、トイレの横がシャワー室なので、爪先立って移動して、体を洗えば良いのですが。実は私も、一度やられてしまいました。元気ならともかく、気分最悪で下着を洗う際の情けない思いは、いまだに忘れられません。

　しかし、現場作業の段取りは、吐気を我慢しながらでも見ておく価値があったと思います。海中で地震波を発生するエアガンを調整するガン・メカニック（バンダナ巻いて腕に入れ墨の青い目のおじさん）が、モビールのように釣り下がった多数のエアガンのバルブを、油まみれになりながらひとつずつ（丁寧かつ手際よく）スパナで調整していきます。彼がゴーサインを出すと同時に、ブームが左右に展開してガンストリングスを海中に投入曳航します。両舷から大量の気泡が湧き上がり、くぐもった反射音が船内に響きはじめたら、いよいよデータ収録開始です。ふつうの海域では、反射音は遠くで大太鼓やドラが鳴る感じですが、沈み込み中の海山が下にあると言われている土佐碆（とさばえ）通過中は金属音が轟き、なるほど非常に硬いものが埋まっているのだなと実感しました。

　現在私は大学で勤務していますが、ずっとこの業界でいたなら、決して上記のような経験をすることはなかったでしょう。今では、役にも立たないヒヨコの地質屋を探査船に乗せるという「陰謀」を巡らせてくれた技術屋さ

図　左写真：物理探査船Western Pacificの雄姿。右写真：右舷のエアガン・ストリングスとウインチ。

ん（実は、この本で取り上げた地震探査技術の情報取得に全面的に協力してくださった、㈱地球科学総合研究所社長の河合展夫さん）に、心から感謝しています。最近、彼の会社のスタッフに協力していただき、中央構造線西端が通過する別府湾の地下構造を分析しています。その探査報告書を紐解いて調査船の記載を読んでいた際に、なぜか非常に懐かしい気分になりました。ページを繰って船の写真をみてビックリ、なんと自分が乗船したWestern Pacificでした。私がほうほうの体で徳島にて下船した後、瀬戸内海経由で別府湾に向かいオペレーションしたとのこと。作業写真集をめくっていると、条件反射で吐気がこみ上げる(笑)と同時に、現場でお世話になった方々の顔を次々に思い出しました。つつしんで彼らと彼女（Western Pacific）に感謝したいと思います。

第1章　活断層の調べ方：どうやったら危険さの度合いがわかるか

3. どうやって将来を予測するか

3.1. どうやって揺れの強さを予測するか

　ここまで説明してきた「どうやって地下を調べるか」というのは、活断層の三次元的形態を明らかにすることと同じです。そのことと、揺れの強さを予想すること（専門的には「強震動予測」と言います）とが、どう結びつくのでしょうか？先に述べたトレンチ調査を思い出してください。地表近くの、押せばへこむような泥土が割れたりずれたりした際に、近くの家が倒壊するような激しい揺れが発生するでしょうか？あり得ませんね。日本で、内陸の活断層が起こす被害地震の震源の深さは、10～15kmに集中しています。10km未満で揺れが小さいのは、圧力が低いので岩石が破壊しやすく、もし割れても大きなエネルギーを発生しないためです。15kmを超えると揺れが小さいのは、温度が上がり過ぎて岩石がねっとり流動し始めるためです（一見かちかちの岩石でも、長い年月が経つと流れていく現象が知られています）。したがって、地表の割れ目分布などよりは、むしろ活断層の根の深さがどれくらいか、どの方向にどのような形で延びているのかが、ポイントとなるのです。

　強震動シミュレーションを行う際には、第一段階として、評価対象の活断層固有の「地震シナリオ」を作成しなければなりません。公式報告書などで用いられる表現では、「地形・地質学的データに基づいて断層形状と応力場を想定し、その条件下で物理的に起こりうる破壊過程を数値計算で求める」ということになります。一読して、日本語に成っているとは思えませんが、この文中、地形解析や地震探査で明らかにできるのは、断層形状です。地表で追跡できる長さと地下どこまで連続しているかで面積を計算し、断面図を観察して傾斜を決定します。応力場は、断層面上のすべり量分布（断層の広がりは有限ですので、地震が発生す

る際に動く量は均一ではありません。どこかに極大点があり、端っこではゼロになります。図21を参照してください）を仮定して、計算で求めます。これらに基づき、断層面上での破壊がどのように進行するかを検討するのです。これと並行して、地震規模を表すマグニチュードは、断層面積から経験則を用いて計算します。さらに、どこから割れ始めるかも結果を大きく左右しますので、破壊開始点の位置を決める必要があります。これは、一連の分析フローで、最もあやふやな部分です。破壊のきっかけとなるかもしれない岩盤の不均一さを、地震探査データなどから正確に評価することは、現時点では困難ですので。兎にも角にも以上の手続きを完了したら、第二段階として、揺れの強さ分布を求めます。まず、地震動を長周期成分と短周期成分に分けて計算し、足し合わせて頑丈なお盆の底（すなわち、堆積盆の基盤岩上面）での震度分布を求めます。最終的に人間が住んでいる地表での揺れ方を、堆積盆に詰まった土砂の軟らかさや厚さの分布（これが実は落とし穴なのです。口絵に掲げた２枚のマップにはこれまでに大阪平野で掘削された大深度ボーリン

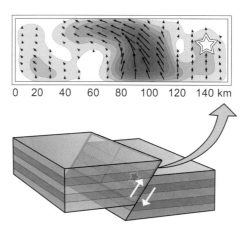

図21　大地震について決定されたすべり量の模式図

断層面（上図）の色が濃いところほど、すべりが大きい（最大9 m）。矢印が、すべりの大きさと方向を表す。破壊の始まった点（星印）が、最大値を示さないことに注意。

グ調査地点が記入されていますが、到底土砂の物性をくまなく明らかにできる本数ではないことは明らかです。それでも「堆積層分布図」なるものが出回るのが摩訶不思議な現象ではありますが）を考慮して計算します。これが、一般の人が役所等で入手できるハザードマップで「〇〇断層が動いた際の××市の震度分布図」という形にまとめられるのです（図22）。

　以上の説明で、地下を調べて断層形態や地層の厚さ分布を詳しく知ることが、強震動予測を行う上で極めて重要であることが理解できたかと思います。しかしながら、その点が、十分には公式ガイドラインに明記されていません。東日本大震災後、福島原子力発電所の重大事故を受けて、わが国の原発は全て運転を停止しました。それらの再稼働に向け、国は徐々に歩を進めていますが、マスメディアが断層の地下形態など報道した例はないか、あっても稀でしょう。皮相な地形解析に依拠した砂上の楼閣に等しいシミュレーションのみが先行する、それが残念ながら

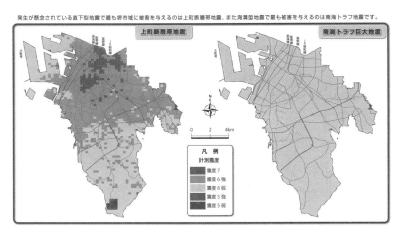

図22　予想震度分布を示したハザードマップ（大阪府堺市）

オリジナル図（http://www.city.sakai.lg.jp/kurashi/bosai/pamphlet/bosai/index.html からダウンロードできるカラー版）では、南海トラフ巨大地震の震度は、市内全域で6弱と想定されている。

今の活断層評価レベルであると、ここで敢えて明言させていただきます。なあなあで不思議に物事が収まるのは日本社会の美風ではありますが、残念ながら、自然現象の本質を考究するに際しては好ましい態度ではありません。これまで自分が、官庁主導の活断層観測プロジェクトに参画して色々見聞したことは、コラム3にも記していますので、興味のある方はそちらをお読みください。

3.2. どうやって次の地震を予測するか

　この節で述べることは、ここまで解説してきた「三次元的な断層形態を明らかにする」ことと、少し離れます。ご存じのように、日本は地震国ですが、その被害が1500年間に亘って記録されてきた数少ない国です。同じような情報が利用できるのは、トルコなど長期間文字を持つ文明が存続したところだけです。わが国では、仏教が伝来し遣唐使が派遣され始めてから、史書が編纂され、自然災害が記載され続けました。例えば伊豆半島の丹那断層は、昭和に入ってマグニチュード7.3の大地震（1930年；北伊豆地震）を起こしましたが、その活動周期に合致する前回のイベント（841年）については、六国史（りっこくし）の一つである続日本後紀に詳しい記述が残されています。古文書記録が正確ならば、地震発生のタイミングは時刻まで特定することが可能ですので、相次いで起こった複数のイベントを区別できることがあります。また、被害分布が記載されていれば、おおよその震央（破壊開始ポイントである震源の真上にあたる地点）や動いた活断層を推定することも可能です。

　このように、古文書は貴重な情報源なのですが、他の自然現象を地震と誤認している可能性もありますし、大災害に際して、どうしても「話が大きくなる」傾向はあるでしょう。また、社会不安で記録が欠落してしまうことも、稀ではありません。例えば関東地方では、元寇の後鎌倉幕府が衰微して滅亡するまでの期間、反乱などの騒動が絶えることなく、

起こったはずの地震が記録されていません。一方近畿には長らく朝廷が置かれ、災害記録はほぼパーフェクトですが、15世紀後半から16世紀前半は、情報が欠落しています。これは、応仁の乱とそれに続く群雄割拠の戦国時代に相当します。鴨川の河原が屍骸の山で埋まるという惨状の中で、地震などはどうでもよかったのかも知れません。

　古文書記録の欠落を何とか補う方法はないだろうか…そう考えた寒川旭さんは、考古遺跡に残された地震の痕跡に注目しました。痕跡というのは、地盤の液状化跡です。阪神大震災では、神戸の埋め立て地で深刻な液状化が起こって問題になりましたが、これは天然の地層でも発生することがあります。固く結合する前の砂の地層は、ゆるく重なり合い、そのすき間は水で満たされています。激しい地震が起こると、砂の粒子のつながりが崩れてすき間が小さくなり、押し出された水の圧力（間隙水圧）が急上昇し、上部を覆っている地層を引き裂いて砂と一緒に噴き出します。液状化が生じるのは、通常は震度6〜7ですので、人間が立っていられないほどの大地震が発生したという証拠です。この現象は、地盤を掘って割れ目に砂が侵入した跡（砂脈）を調べることで認定できます。トレンチ調査のセクションでも述べたように、いつ頃その事件が起こったのかは、遺跡から見つかった土器の考古学年代や、もみ殻・食べカスなどの有機物に含まれている放射性炭素の分析から、かなり正確に求めることが可能です。

　彼は、西日本一円の考古遺跡を丹念に調査し、古文書記録と組み合わせて互いの不備を補うことによって、南海トラフで起こる巨大地震がかなり一定の周期（100〜150年）をもって発生していること、さらに、数年以内の間隔で東部の東海地震と南部の南海地震が必ず連動することを見出しました（図23）。南海トラフは、フィリピン海プレートが西南日本の下に沈み込む現場です。その一部で地震が発生すれば、岩盤にかかる応力の分布が変化し、別の部分がずれ動くことは想像に難くありませ

んが、現時点で地球物理学的な観測に基づいて新たな動きを予測することは大変困難です。それが、古文書と遺跡調査に基づいて、「21世紀の中頃に、両エリアの地震が相次いで発生する可能性が高い」ということが指摘されたのです。彼の研究成果は、「地震考古学」（中公新書）という著作に纏められています。これは、わが国の活断層研究に基づいて創出された、オリジナリティの高い業績だと思います。少なくとも、西南日本の太平洋側に住んでいる人々にとって、近々降りかかる自然災害のパターンが大体予測できるということは、何にも代えがたい。大変平易に書かれた本でもありますので、ご一読をお勧めします。

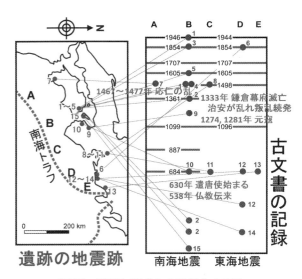

図23 遺跡に残された液状化の痕跡

液状化と古文書記録（右図の横棒が記録された西暦年）とを組み合わせて、南海トラフで起こる巨大地震の周期性を研究した例。文字が伝来する前や、社会不安によって記載が欠落する地震も、液状化の情報から認識することができる。図中の番号を付した丸印（1＝宮ノ前遺跡、2＝黒谷川宮ノ前遺跡、3＝神宅遺跡、4＝古城遺跡、5＝黒谷川古城遺跡、6＝御殿二之宮遺跡、7＝アゾノ遺跡、8＝尾張国府跡、9＝石津太神社遺跡、10＝川辺遺跡、11＝田所遺跡、12＝坂尻遺跡、13＝川合遺跡、14＝鶴松遺跡、15＝下内膳遺跡）が、地震痕の年代と、それが発見された遺跡位置の対応関係を示す。田中琢・佐原真（編）「発掘を科学する」（岩波新書）中の、「地震考古学の誕生」（寒川旭）に基づいて作図。

コラム3　ハザードマップっていったい何？：上町断層と中央構造線

　近ごろは、役所で「ハザードマップをください」と言っても、けげんな顔をされることはなくなりました。どこでも、危機管理室といった部署が設置され、最新のマップを渡してくれます。一応サービス体制が整ってきたようですが、内容のレベルは本当まちまちで、いざという時に役に立つだろうか…と考えさせられることもあります。この本は、対応の遅れている自治体を責めるために書いているわけではありませんので、どこと明言することは避けますが、中央構造線が街を袈裟懸けに突っ切っている某自治体のマップで、活断層がまったく触れられていないのを見た時は、正直我が目を疑いました。安直に断層を線引きすると、不安を煽り憶測が広がるので表示しない、という立場はあり得ますが、何も知らせないのはちょっと…。そこの福祉避難所は、3つのうち2つまでが中央構造線の直近にあります（しかも、断層を挟んで上がり盤側には、ため池まである；図a）。頬かむりしている訳ではなく、本当に知らないのでしょうね。こういう土地では、何の調査かと現地で聞かれても、正直に活断層の話はしにくいなぁと思ってしまいました。

図a　画面左端の建物（老人ホーム）と右端の水面の高いため池の間に、活断層である中央構造線が走っている。この老人ホームは、福祉避難所に指定されている。

　本書後半で例として取り上げた大阪とその周辺地域では、文部科学省が主導して、この10年間に2つの活断層重点観測プロジェクトが行われまし

た。その対象は、上町断層と中央構造線です。上町断層は、大阪城のある上町台地の西縁に沿って、都市圏を南北に通過します。国や地方自治体の地震被害想定で、必ずシミュレーションが行われる「凶悪犯」です。たしかに繁華街の真下ですので、ひとたび動けばただでは済まないでしょうが、3年の観測プロジェクトが終わった時の率直な感想は「結局なにも分からなかったなぁ」でした。

　人工地震探査断面を見ると、この断層が明瞭に追跡できるのは、大阪市北半だけです。そこでは、非常に明瞭な重力異常トレンドも見られ、地下に大きな段差が隠れていることが示されています。ところが、そのトレンドを南方に追跡すると、天王寺辺りであやふやになり、地震探査データでも明瞭な断層は認定できません（短いこま切れの割れ目は見えます）。さらに大和川（大阪市南限）を越えると、堺・三国ヶ丘や岸和田・久米田池に、それなりの活断層が隠れていることが分かります。それらを全部つないで、非常に長い上町断層を仮定する議論もありましたが、歯に衣を着せずに言うと非科学的です。断層が長いほど、想定される地震規模は大きくなりますので、ハザードマップの震度想定にも深刻な影響を与えかねない。私は、口だけ男にはなりたくないので、人の説を批判する前に、南大阪で新たな観測をする準備を始めました。この本が出版される頃には、最新リモートセンシング技術に基づく解析に着手しているはずです。

　もうひとつの中央構造線（和歌山北部セグメント）重点観測も、別の意味でちょっと疲れてしまいました。この断層は、水平変位が際立った「横ずれ断層」ですので、基本的に垂直に近い形になるはずです。プロジェクトの主要メンバー全員が、一致してそう考えていましたが、国や偉い先生の公式（観測プロジェクト前の）見解は、「大阪側に低角で傾斜する横ずれ断層」というユニーク（？）なものでした。卑近な例ですが、私の実家のある大阪最南部の阪南市の場合、この見解にしたがうと大地震はほぼ真下で炸裂することになります（図ｂ）ので、ハザードマップ想定震度は7と最大級になります。最近、小・中学校時代の同級生から「本当にそんなに揺れるのか？」と心配そうに聞かれることもありますので、「それがよく分からないから、今調査

第1章　活断層の調べ方：どうやったら危険さの度合いがわかるか

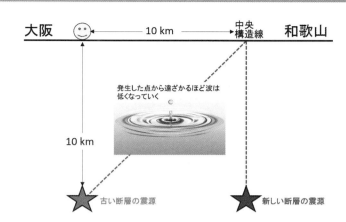

図b　人工地震探査の断面では、中央構造線は大阪側に傾いた断層に見える。これは、和泉山脈が隆起した際に活動した古い断層で、200万年前までに活動を止めたと考えられる。現在の活断層は、横ずれを繰り返す垂直に近い断層なので、震源から地表までの距離と予想される震度の分布は大きく異なってくる。これは、地震探査イメージで見えているものが何なのか、注意する必要があることを示す例でもある。

しているわけ！」と答えることにしています。結局のところ、我々は公式見解を正面切って否定することができず、最終報告書では両論併記の形で震度分布の計算結果が示されました。こちらは裏の事情を知っていますので、ナンセンスな箇所を無視すればよいのですが、一般の方が読んでも何のことやら全く分からないでしょう。そういう報告書は、学術的業績としてはいざ知らず、防災には役に立ちません。

　昨今、学力低下と科学・技術レベルの地盤沈下が止まらず、国から対応を迫られる大学スタッフは、どんどん疲弊しつつあります。妄説を排除するには、まず観測成果を公表し、論戦を通じて真実に迫るのが本筋ですが、プロジェクトリーダーの先生方には到底そんな時間のゆとりは与えられていないのです。私は、大変お世話になってきた先生から「国内でやっても揉めるだけだから、成果は外国の専門誌に出せばいいよ」と言われて、正直ショックでした。活断層の研究は、地域コミュニティと無関係な雲の上の物ではありません。自分なりに、誰にでも退屈せず読んでもらえる解説をできないだろうか、それがこの本を書こうと思った直接のきっかけです。

第2章

活断層とのつきあい方：
大阪エリアを例として

　前半で、活断層調査に関する技術解説が終わりましたので、後半は大阪という地域に密着した話をしようと思います。しかしながら、北海道に住んでいる人や東京に住んでいる人にとって、全然意味のない内容とは思っていません。日本列島は、ひと繋がりのプレート境界に沿って延びていますので、地形や地質の成り立ちにいろいろな類似性があります。また、同じ国ですから、行政の対応やコミュニティの特徴にも共通点があります。その点を意識して、書いてみたいと思います。

1．大阪の地形：地殻変動でゆがむ大地

　上に述べたように、日本列島はプレートが沈み込む収束境界に位置していて、地殻変動が激しい。東北日本の場合、東日本大震災のような巨大地震は、常に陸の下に太平洋プレートがもぐり込むところで起こりますし、西南日本でいずれ起こると言われている東海・東南海・南海地震の震源は、フィリピン海プレートが沈み込む南海トラフにあります。わが国の大地は、このようなプレートの動きで大きく歪みひび割れているのですが、大阪を含む近畿地方は、その中でも特に数多くの活断層が密集しています。西南日本のテクトニクス（地殻変動の仕組みを考究する学問）研究のパイオニアである藤田和夫さんは、これを「近畿トライアングル」と名付けました（図24）。トライアングルの中では、主として

第2章 活断層とのつきあい方：大阪エリアを例として

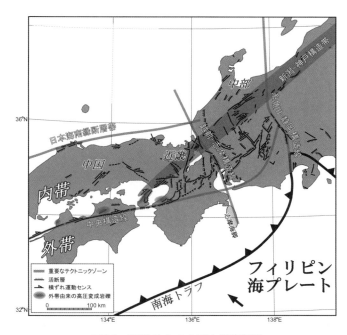

図24　近畿地方の主要な地質構造

藤田和夫の「近畿トライアングル」を踏まえ、本書の著者が構造境界を再定義して作図したもの。

南北方向の断層群が地殻を沢山のブロックに分断し、エリアによって堆積物の厚さや地盤性状が大きく異なり、山地と盆地が繰り返す独特の景観を成しています。

1.1. 山や川が教えてくれること

大阪府は中央に平野が広がり、北西を六甲山地に、東側を生駒山地と金剛山地に、南側を和泉山脈に取り囲まれています。これらの山々は大体1000mくらいを最高峰としており、その縁にはいくつもの活断層があります。言い換えますと、活断層の動きがこれらの高まりを作ったのです。さらに、大阪平野を埋めている軟らかい土砂は厚さ1000mに達しま

すので、大阪は足し合わせて深さ2000mのお盆（第1章で説明した堆積盆）のような場所です。山々に降った雨は低いところに向かって集まり、川となって大阪湾に注いでいます。その流れの方向は、平野に寄った「しわ」の向きを表しています。コラム4でも書いているように、人間が自分たちの都合で水路を付け替えたりする以前には、大阪平野北部の川は、ほとんどが海岸線に平行に北上して淀川に合流する不思議な流系をしていました。これは、その周辺で東西方向に押す力が強いため、南北方向のしわが寄ったのだと解釈できます。一方、平野の南部（泉州エリア）を見ると、川は押しなべて和泉山脈から素直に海に注いでいます。これは、山脈を隆起させた力の向きが北部とは違っていたことを表しているようです。

1.2. 200万年前はペッタンコ

　現在山に囲まれている大阪は、実は大昔には、奈良盆地や和歌山平野がきれいに見渡せるような平坦な所でした。それは、大阪平野を埋め立てている砂礫層の性質を観察すると、よく分かります。今から200万年以上前の地層には、奈良や和歌山にしか分布しない岩石の礫が大量に含まれています（図25）。それが、かき消すようになくなったのは、生駒山地や和泉山脈が隆起して、土砂がせき止められるようになったからです。逆の現象もある。この本を書き進めていた2017年の秋から冬の期間、私が卒業研究を指導する学生さんが、大和川南岸の柏原市玉手山周辺で地質調査をしていました。彼が砂礫層から掘り出した礫のサンプルを見て、私は「気に入らない石を除けて取ったりしてない？」と尋ねました。彼は何のことやら分からずキョトンとしていましたが、思わず聞いてしまったのは、すぐそこ（大和川北岸）にそびえている生駒山地をつくる花崗岩が唯の一つも含まれていなかったからです。これは、調査を行った地層が堆積した頃（200〜300万年前）には、生駒がなかったことを示

第2章 活断層とのつきあい方:大阪エリアを例として

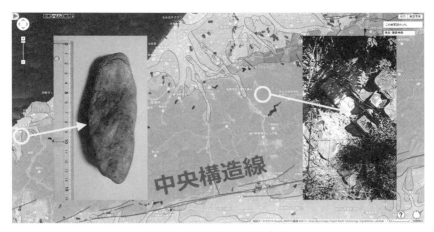

図25 岩石が語る地殻変動
大阪と和歌山の県境に連なる和泉山脈は、300万年前には存在しなかった。和泉山脈の調査をすると、大部分は約7000万年前(白亜紀)の砂岩や泥岩でできていることが分かる(右写真)が、高圧変成岩の礫が見つかることがある(左写真)。この岩石は、和歌山・紀ノ川南岸の三波川変成帯にしか分布しない。

すに違いありません。改めて文献を色々調べましたが、これまで十分な検討は行われていないようです。いやはや、また面白い研究テーマが増えそうです。

　生駒山地は今も活発に隆起し続けています。その西縁にある生駒断層の動きから推して、1年につき1mmぐらいでしょうか。そんな程度で「活発」なのかと不思議に思うかもしれませんが、蓄積は恐ろしいもので、100万年(地質学的時間感覚では短期間)かければ標高1000mの山が出来てしまいます。一方、和泉山脈の方は隆起速度が緩やかになっています。これは、地域によって地盤にかかる力の向きや強さが違うため、断層のずれ方が異なってくるからです。すなわち、あまり広いとは言えない大阪を例に取っても、大地の動きは場所により、そして時代によって違います。それをさまざまな手法で分析して、総合的に評価することが如何に大切かということを、この本の前半では一生懸命説明して

いたわけです。ちなみに、和泉山脈のような東西方向の山々は、四国にまでずうっと続いています。徳島と香川の県境に連なる阿讃（あさん）山地など、中央構造線に沿って隆起を伴う変形が生じているのですが、詳しい調査によると西に行くほど隆起の始まるタイミングが遅れつつあると考えられます。この現象は、フィリピン海プレートの沈み込みパターンの変化となにか関係があるのかもしれません。その実態を突き止めたくて、私は和歌山や愛媛の山に分け入って、地形と地質の成り立ちについて調査を続けています。

第2章 活断層とのつきあい方：大阪エリアを例として

コラム4　江戸時代の水系をコンピューターで再現する

　近世以前の大阪平野の河川系は、今と大きく異なっています。特に、現在の大和川は江戸時代に大阪湾に直流するよう開鑿された運河です。付け替えられる前は、生駒山地と二上山を抜けたところで右90度に進路を変えていました。極めて不自然な水系のおかげで、河内平野は大雨のたびに水浸し、たまりかねた庄屋が2代がかりで江戸幕府に陳情し、河道付け替えを認めさせたのです。その時代の古地図で非常に奇異なのは、旧大和川を含め、西除川・東除川・石川など主な河川が例外なく大阪湾岸に平行に北流し、淀川に合していることです（図a左）。それらの川の名前も、示唆的ですね。「西除川」と「東除川」は、何かの出っ張りを、それぞれ西と東に除けて分流しているという意味でしょう。

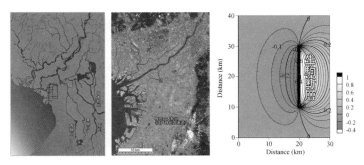

図a　大阪平野の水系の変遷。現在の人工衛星写真（中央）では、大和川は真っ直ぐ西流して大阪湾に注いでいるが、これは江戸時代に開鑿された人工河川である。江戸時代の古地図（左）を見ると、主要河川はすべて淀川に合流している。生駒断層の動きを考慮した数値モデリング（右）では、旧大和川の流路の西への膨らみと同じ形の凹地が再現されている。

　最近行ったコンピューターシミュレーションにより、河内地域の南北方向の凹凸は、生駒断層の運動に支配された地盤の変形で解釈できることが明らかになりました。南北（縦）方向の生駒断層が垂直にずれる（それが累積して生駒山地が隆起したわけです）ことによって、周辺の地盤が歪みます。西側、すなわち大阪平野側では、アーチ型にたわんだ凹みが形成され、旧大和

61

川の不思議な流路ととても良く似ていることが分かります（図a右）。古地図を見ると、私がいま住んでいる門真市の辺りには、沼すらあります。市の「ゆるキャラ」の子猫はかつて名産品だったレンコンの紋入りハンテンを着ていますが、なるほど泥田が広がって水はけが悪く、軟弱地盤なのも頷けます。このように、比較的近い過去に河川流路になっていた地域は、地震で発生する液状化現象に脆弱です。2011年の東日本大震災の際も、関東平野で液状化によってライフラインを寸断されたのは、利根川水系の旧河道に集中しています。

　さて、運河として付け替えられた現在の大和川をまたぎ南側の泉州エリアに入ると、ゆるやかな凹凸はちょっと反時計回りに方向を変え、泉北丘陵と呼ばれる地域になります。その上では、古墳時代から平安時代までの長きにわたって、大陸から伝えられた技術で、須恵器（すえき；図b中）と呼ばれる青灰色で硬い陶質土器が大量生産されました。天皇陵を含む百舌鳥古墳群と地理的に近接することから、大和王権の管理下に置かれ、同じ規格の製品を生産するよう統制されるようになったと考えられています。地殻変動が作ったゆるやかな起伏が、1000℃以上の高温で焼き上げる窯を築く地形

いざ子ども　はやくやまとへ　大伴の
御津の浜松　待ち恋ひぬらむ
山上憶良

須恵器

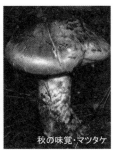
秋の味覚・マツタケ

図b　万葉集に収録された歌の中で、松を詠んだものは76首にのぼり、植物では梅（120首）に次ぐ。7世紀後半～8世紀後半には、憶良の望郷の歌が示すように、日本の原風景になっていたと考えられる。ところが、魏志倭人伝（3世紀末成立）に記載された倭（邪馬台国）の特産品リストで、松は全く取り上げられていない。実は、西日本の里山の原生林は「照葉樹（カシ・シイ・クスノキ・ツバキ等）林」であり、マツタケの生えるアカマツ疎林は、須恵器の焼成のために乱伐した後にできる二次林なのである。燃料となる雑木を刈るため人は山に入り、1200年以上に亘ってアカマツ二次林が存続した。

として理想的だったのですが、その窯の復元実験によると、三昼夜で実に薪30トンを必要としたようです。このため、急速な原生林（カシ・シイ・クスノキなどから成る照葉樹林）の破壊が進行し、丸はだかになった丘陵には、二次林であるアカマツ疎林が形成されました。万葉の歌人山上憶良は、遣唐使として滞在した中国で御津（今の堺市）の松を懐かしむ歌を詠んでいます（図b左）が、日本人の原風景「松原」は、実は最古の自然環境破壊の所産だったのかもしれません。

2．大阪の地質：環境変動と地盤の特徴

　近代地質学の根幹は、「現在は過去を解く鍵」という基本原理に表されます。これは、チャールズ・ライエル（Charles Lyell）の言葉です。彼は、「地質学原理」を著して斉一説（uniformitarianism）を広めました。斉一説とは、中世の宗教的世界観に基づく天変地異説（例えば、奇妙な形の化石はノアの箱舟に乗れなかった動物の骨と解釈されていた）に対立し、過去に起こった自然現象は現在観察されているものと同じだろう、とする考え方です。彼は、進化論を唱えたチャールズ・ダーウィンの友人でもあり、「種の起源」で展開される自然淘汰説の着想に影響を与えたと言われています。この原理は、自然界はずっと同じ基本法則に支配されていたはず、という思想に支えられています。ということは、過去に繰り返して起こっている自然現象は、将来にも起こる可能性がある。寒暖が一定のリズムで繰り返す「氷期－間氷期サイクル」などグローバルな長期環境変動はその典型例ですし、本書のテーマである活断層にしても、過去何度もずれ動いた履歴が調査によって確認されているものが、この先いきなり鳴りを潜める…とは考えにくいでしょう。そう、「過去は現在そして未来の鍵」なのです。

2.1. 大阪平野は何度も海になった？

　前章で述べたように、大阪平野は早くから都市化が進み人口過密となりましたので、地盤災害の影響は深刻です。そこでは、長年にわたって何万本ものボーリング調査が行われ、平野を埋める地層の様相は非常に詳しく分かっています。最も重要な情報は「大阪平野に海が侵入した証拠となる軟らかい泥の地層は全部で15枚ある」ということです。さらに、一番古い泥の層が120万年前のものであることも分かっています（図26）。長期間の気候変動の結果、温暖期の大阪には、120万年間に15回海

第 2 章 活断層とのつきあい方：大阪エリアを例として

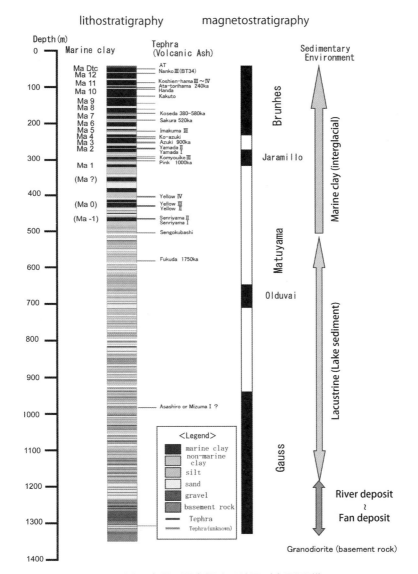

図26 大阪平野を埋める地層（大阪層群）

地層の深度による変化を表す図（左側）で、黒く塗った部分が海で堆積した海成粘土層 (marine clay)。典拠については、巻末の「参考文献・情報源」に示す。

が侵入し、軟弱な泥が厚く堆積しているのです。これが、地盤沈下などを起こす軟弱地盤の正体です。したがって、繰り返し溜まった泥の分布を正確に知ることは、地盤災害を予見し備えるために極めて重要です。

　ボーリング調査で見えた地層の重なる様子（これを棒グラフのように表現したものを柱状図と言います）を、1枚の断面上に並べると、泥の地層が厚くなったり薄くなったり、上がったり下がったり、形を変えている様子がよく分かります（図27b）。これは、断層の運動に起因する場合もありますし、川の流路の変化など水の力による堆積パターンを示していることもあります。このように、従来大阪平野で活断層の変位を表すものとして解釈されてきた地層の変形（もしくは砂礫や泥など岩相分布の変化）は、異なる原因の自然現象を含んでいる可能性が残されますので、まだまだ調査・研究を進めることが必要なのです。

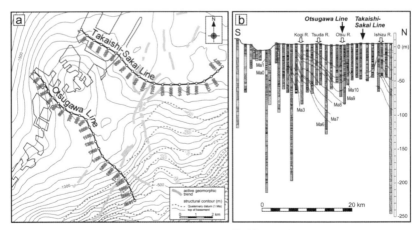

図27　総合的な地下構造解釈の例

大阪南部の高石〜泉大津では、人工地震探査や地質調査によって、基盤の凹凸が確認されている（a）。大阪湾に沿うボーリング調査の柱状図を並べると、地層の変形が確認できる（b）が、これは活断層による線状構造ではなく、お椀形の凹みの一部と考えられる。著者の公表論文を基に、編集作図した。

2.2. 硬い台地と軟らかい平野、そして地下深くに潜むもの

　地盤に強い応力がかかるとしわが寄ります。高い所は丘陵となって、大阪平野北部では千里丘陵や上町台地、南部では泉北丘陵などの名前がついています。これらを構成する地層の年代は、平野を埋めているものとあまり変わりませんが、隆起する際に砂泥のすき間の水が抜けて行きますので、ちょっと硬くなる。そのため、大地震の際の揺れ方が低湿地とは異なってきます。これは、第1章の強震動予測セクション（3.1節）でも、説明したところです。丘陵など硬い地盤が揺れる際の卓越周波数はおおむね4.0Hz以上ですが、軟弱な大阪湾沿岸では0.6～1.0Hzと低くなって、活断層が起こす地震の際に揺れやすくなっています。

　インターネットの普及により、誰でも地下の様子をパソコン画面で眺めることが可能になってきました。大阪周辺における情報源の例として、関西圏地盤情報ライブラリー（http://www.geo-library.jp）を紹介しましょう。これは、KG-NET・関西圏地盤研究会（KG-R）の活動をはじめとして、関西地域で抽出・デジタル化された各種の地盤研究成果を、広く公開するためのプラットホームです。トップページで利用規約に「同意して閲覧」を選択すると、大阪周辺のベースマップが表示されます（図28）。その上で地下断面を見たい箇所に直線を引くと、別ウィンドウでボーリング柱状図がずらっと並んで表示されます（図29）。研究レベルでのデータ活用には、別途申請の必要がありますが、とりあえず雰囲気を感じてみたい…程度ならば気軽に無料で閲覧できますので、興味の湧いた方はアクセスしてみてください。

　さて、大阪の地下構造の特徴は、古くて硬い基盤岩（堆積盆という「お盆」そのもの）と新しくて軟らかい堆積物（お盆に入ったブヨブヨの砂泥）以外に、ところどころですが、全然違うものが地下深くに潜んでいることです。私が勤めている大阪府立大学（堺市・中百舌鳥）周辺の重力異常図を見ると、大学付近で重力値が高くなっており、なにか高

図28　関西圏地盤情報ライブラリー

このベースマップを操作して、インタラクティブに知りたい情報を表示させることができる。

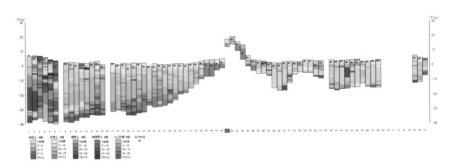

図29　データベースによる地下断面図

関西圏地盤情報ライブラリーでは、任意のラインを引いて、地下断面を表すボーリング柱状図を表示させることができる。この例は、埋め立て人工島である舞洲（左側）から生駒山麓（右側）に至る東西測線。

密度の物体が伏在していることが分かります。その物体は磁気を帯びる性質が強いらしく、地磁気異常も高めです。これは、通常マグマが急速に冷え固まった火山岩が示す性質です。コンピューターで重力異常と地磁気異常のシミュレーションを並行して行った結果、わが大阪府大の直

下には、比高800mの火山が潜んでいると推定されました（図30）。

職場でこの話をすると、皆血相を変えます（まあ当然でしょう）が、約1400万年前という大昔の火山体（大阪府と奈良県の境にある二上山を構成する二上層群の仲間）と考えられますので、今後噴火する可能性はなく心配せずとも大丈夫です。二上層群は、日本海が拡大して日本列島がアジア大陸から分離するという地質的ビッグイベントの最末期に、立て続けに起こった火山活動で形成されました。口絵2を見ると、堺市のみならず、泉大津周辺の大阪湾岸にも、大きな死火山が伏在しているようです。地上に分布する同時代の火山岩は、一括して「瀬戸内火山岩類」と呼ばれ、九州東部の大野地域から愛知県東部の設楽（したら）地域にかけて、中央構造線沿いおよそ600kmの距離にわたり分布しています。例えば、瀬戸内海に浮かぶ小豆島はほぼ全体がこの岩石で出来ています。

活断層評価の観点から言いますと、こういう岩石は地震探査データで

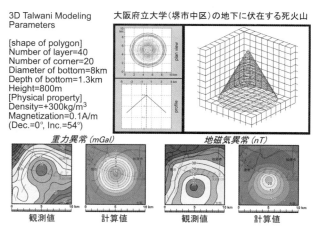

図30　地下構造の数値モデリング

大阪府立大学（堺市中区）の地下に伏在する1400万年前の火山を、重力異常と地磁気異常の数値モデリングによって解釈した例。典拠については、巻末の「参考文献・情報源」に示す。

何かの落差のように見えることもあり、注意が必要です。活断層のずれと誤認する可能性があるからです。大阪で最も危険視される上町断層は大阪市北部の中之島と南部の天王寺、そして堺市・三国ヶ丘で見つかったものをつないで解釈しているのですが、天王寺の地震探査断面で基盤の落差のようにも見えるものは、上部の堆積物をずらしておらず、たぶん地下に潜む火山岩の縁です。その上方で地磁気が明瞭に強くなりますので（図31）。ここで上町断層が分断されるならば、断層長がかなり短くなります（空白地域を飛び越えて2本の断層が連動することは考え難く、いちどきに動く活断層セグメントが短縮される）ので、想定される震度は有意に下がると考えられます。ちなみに、日本の内陸断層についての経験則に従うと、断層の長さL (km) と地震規模を表すマグニチュード (M) の間には、$\log L = 0.6M - 2.9$という関係があります。このような、将来の都市計画に影響を与えかねないような、重大なエラーをしないためにも、総合的なアプローチが求められます。上町断層については、科学的な危険度評価を、いつかは行ってみたいと考えています。

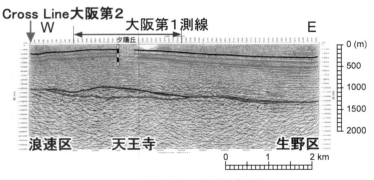

図31　大阪市南部の地震探査断面図

東西測線なので南北走向の上町断層が見えるはずだが、地層のずれは確認できない。天王寺周辺の基盤上面のふくらみ（黒線）は、正の地磁気異常（地表の横矢印の範囲）を伴い、火山岩と考えられる。「夕陽丘」は地層年代を決定したボーリング調査の名称。典拠については、巻末の「参考文献・情報源」に示す。

第2章 活断層とのつきあい方：大阪エリアを例として

コラム5　関西空港の地盤沈下を招いた泉南の出っ張り

　大阪市内は、昭和初期から中小工場が増え、工業用水としての地下水の汲み上げによって、深刻な地盤沈下が進みました。いまだにその痕跡を留めているのが、東端で最大1.8mも沈下したJR大阪駅です。もともと、駅周辺の「梅田」という地名自体、泥土を埋め立てて田んぼに開拓した（埋めた）ということが由来ですので、あまり安定した地盤ではありません。大阪平野には過去120万年間に15回海が侵入しました。その都度たまった泥は多量の水を含み、建造物などの重しを置いた時には、あたかも穴の開いた水枕に頭を載せると水漏れして凹むように、沈下してしまいます。

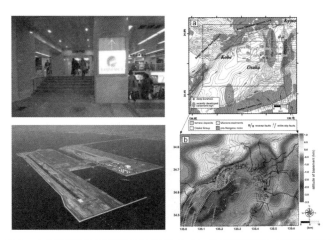

図a　左上：大丸砂時計のフロアとJR大阪駅コンコースを結ぶ階段。不等沈下によるデコボコが原因で設置された。左下：関西国際空港。天満層まで杭を打っても、沈下は止まらなかった。右：大阪平野と大阪湾周辺の地下構造。約50万年前に存在した南北方向の高まり（右上図の1と2）のうち、1は上町台地、2が泉佐野沖に「古泉州湖」という堰き止め湖を作り、空港島周辺にヘドロが厚く堆積する原因となったもの。典拠については、巻末の「参考文献・情報源」に示す。

　線路勾配は基準値の7倍を超え、ホームも大きく傾きました。ついに旧国鉄時代の全路線で最大の勾配値となり、長大編成列車は蒸気機関車三重連でもなかなか発車できない有り様でした。それと同時に、コンコースのあちこ

ちに段差ができるという異常事態が起こりました。大阪市が昭和37年に地下水取水規制を定めるまで、地盤沈下は続きました。大阪駅とその周辺を歩いていると、上がってまた下がるといった、意味不明なスロープや階段の多いことに気づくでしょう（図a左上）。これは、決して建物の美観やデザイン上のこだわりではありません。たとえば、環状線1・2番ホームに向かう途中のスロープや階段は、激しい不等沈下の痕跡です。

　大阪駅の沈下を食い止めるためには、それまで地盤の最上部である梅田層（縄文時代、大阪平野が浅海になっていた期間に溜った泥よりなる軟弱な地層）に刺さった短い杭から、天満層（最後の氷河期、河川によって運ばれてきた砂や礫を主体とする固く締まった地層）まで届く長い杭に取り替えなければなりません。そのため「アンダーピニング」という国内初の工法が採用されました。それは、直径1.2mの孔内に人間が入り、スコップで土砂をかき出しながら地中を掘り進むという、過酷な作業でした。昭和37年（1962年）までに合計245本もの杭が天満層の固い地盤に打ち込まれ、沈下はようやく止まったのです。

　天満層に杭を打てば、沈下は止まる。これが大阪での土木工事の鉄則になりました。そのおかげで、今やキタで一番凹んだところに、ヨドバシカメラのビルがちゃんと建っています。しかしながら、最大そして痛恨の誤算があります。関西空港の沈下だけはどうやっても止まりません。天満層より下の泥からも、水が抜け続けているのです。これには、あまりにも重すぎるもの（＝空港島；図a左下）を載せてしまったという主な理由の他に、大阪湾の地下構造が深く関係しています。凹地を埋め立てた軟らかい地層の厚さは、最大で何と3kmを超えています。関西空港のある泉佐野沖は比較的地層が薄く、地盤沈下は収まるはずでしたが、その周辺の地盤は特に泥の成分が多いものでした。重力異常データや人工地震探査データを見ると、空港島の西側に南北方向の出っ張りができていることが分かります（図a右）。これは、100万年前ぐらいから成長し始めた高まりで、約50万年前の泉佐野沖は「古泉州湖」という堰止められた淡水域になっていたのです。そこには、排出されないヘドロが厚く堆積することになりました。

第2章　活断層とのつきあい方：大阪エリアを例として

図b　南海電鉄・鳥取ノ荘駅から山手側、旧国道26号線の信号。ゆるやかな隆起のため、こちら側に向かって交差点に進入する車のタイヤが隠れている。

　重力異常パターンを見ると、この高まりの南部が陸上に達していることが分かります。実は、私の実家はその真上にあります。南海電鉄の鳥取ノ荘駅から山手に向かうと旧国道の信号があります。ここを車で通ると、車道は真っ直ぐなのに、カーナビが必ず「事故多発地点です」と警告メッセージを発します。その付近がゆるやかな地盤隆起のピークで、気づきにくい死角ができてしまうのです（図b）。ピークの向こう側にある物は、車のドライバーには見えません。「いきなり人が現れた！」と、ヒヤッとすることもあるでしょう。私が海の近くの小学校に通っていた頃に、国道脇の田んぼで農作業を手伝っていた児童が、前方不注視の車にはねられて亡くなるという、大変痛ましい事故がありました。大学時代、京都で下宿生活を送っていた頃、延々と電車を乗り継いで鳥取ノ荘駅の手前になると、丘陵が眼前に迫ってきます。ああやっと着いた！という思いと同時に、なんで急に平野がなくなるんだろう…と不思議に感じた記憶がありますが、よもや、その原因を探る仕事を、自分がすることになるとは思いませんでした（笑）。

3．自然災害とつきあって生きる：手探りが続く自治体の取り組み

　まずお断りしておきます。このセクションでは、現在わが国の自治体が自然災害に関して取り組んでいる内容を、漏らさず系統的に述べた…訳では、ありません。この本を書くため資料を集める過程で気になり始めたことや、現地に行って感じたことなど、自分の体験に基づいてトピックを選んでいます。また、例として選択したエリアも、色々比較して選び出したのではなく、たまたま縁があったところばかりです。東成区の話は、私の奥さんの職場（障がい者支援施設）についての見聞がベースです。門真市は、今住んでいる賃貸マンションのある所。堺市の例は、要するに勤め先（大阪府立大学）の仕事絡みですし、阪南市に至っては、実家が在るのでちょっとは土地勘がある、というだけの話です。しかし、自然災害への取り組み方について「漏らさず系統的に」教えてくれる資料は、あまり世の中にないような気もしますので、あえてひとつのセクションを設け、読んでいただこうと思います。これを叩き台にしてもらって、議論を深めることができれば…というところなのです。各論で登場する地域と主要な活断層の位置関係を、図32にまとめましたので、ご覧ください。

3.1. 都市圏の憂鬱：東成区の抱える多様な問題
3.1.1. 絡み合う難問とは

　大阪市東成区は、人口密集地です。地下鉄・JR鶴橋駅をターミナルとして、工場やオフィスが立ち並び、多くの人が通勤しています。また、昔ながらの街並みも残されており、そこに居住している人たちも多い。商店街は迷宮のように入り組んでいます。こういう地域で「自然災害にどう対処するか」ということは、幾つもの問題をはらんでいます。まず、交通網が麻痺し、勤め先から自宅に帰れなくなった「帰宅困難者」を、

第2章 活断層とのつきあい方：大阪エリアを例として

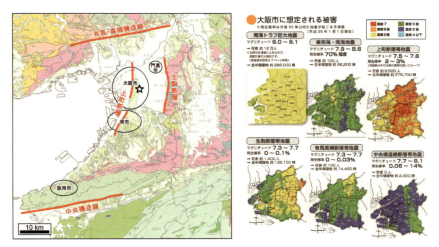

図32　本書で扱った自治体の位置と地震被害想定
左：大阪周辺の主な活断層と本書で取り扱った地域。大阪市内の星印は、詳しく説明した東成区。右：大阪市域の震度想定マップ。大阪市危機管理室作成の「市民防災マニュアル」第1章2ページより転載・編集。

どうやって移動させるかという問題。そして、住民については、災害発生と同時に立ち上げなければならない「避難所」をどこに開設するのか（安全で被害の少ないエリアはどこか）、日常生活に支援や介護が必要となる方を受け入れる「福祉避難所」を誰がどうやって運営するのか（通勤困難な状況で現場が回せるのか）、そして、「地盤液状化」により寸断されたライフラインを一体どうやって復旧させるのか…等々、多岐にわたる難問が山積しています。気になる地震の規模ですが、大阪市が作成したハザードマップでは幾つもの震源断層を仮定しています（図32）。上町断層のケースが最も強烈で、東成区は震度6〜7が予想されています（震度とマグニチュードの違いは第1章の1.1節で解説していますので参照してください）。

　首都圏のみならず、災害時の帰宅困難者問題は深刻です。大阪市ホームページを閲覧すると、「大阪府自然災害総合防災対策検討委員会（平

成17年度～18年度）で、大阪府と共同で行った地震被害想定では、徒歩帰宅が不可能な帰宅困難者が大阪市内で約90万人、大阪府全体では約142万人発生します」とあります。しかしながら、「帰宅困難者数の想定にあたっての考え方」には「（ア）自宅までの帰宅距離が10km以内の人は、全員が徒歩帰宅可能【帰宅可能率100％】。（イ）自宅までの帰宅距離が10km～20kmの人は、帰宅距離が１km増えるごとに10％ずつ帰宅可能率を漸減。（ウ）自宅までの帰宅距離が20km以上の人は、全員が徒歩帰宅困難【帰宅可能率０％】」とあります。この試算は、現実を正確に反映していないのではと感じます。道や橋梁の状況、倒壊で発生すると予想される障害物の分布等々を無視して、同心円状に一律な確率分布を仮定できるとは思えません。また、具体的な対応策としてアップロードされていたのは、代替バス・船（上陸用舟艇じゃあるまいし…。阪神大震災の際の経験からも、埋め立て地の埠頭が液状化を起こさず正常に機能しているとはちょっと考えにくい）による大量輸送のみ。例えば、共稼ぎで幼いわが子を保育園等に預けてきた父母は、到底そんな状況になるのを待ってなどいられますまい…。どうもこれは、自力で歩いて帰る必要がありそうです。

　「歩いて帰るなんて無茶な」と思われるかもしれませんが、私は"歩いて帰る震災時帰宅支援マップ"という小冊子（図33）を持っています。10年以上前にこれを購入した頃は、どこでも手に入れることができました。私はコンビニエンスストアで弁当と一緒に軽い気持ちで買ったのですが、これがなかなか使いやすい。さすが地図出版の老舗が作っただけあって、たかだか100ページ余りのボリュームながら京阪神エリアをカバーしており、かなりの助けになるレベルでした。ずっとリュックに入れて持ち歩いていたのですが、悪天候で濡らしたりしてヨレヨレになって来ましたし、マップというのは移ろいゆく実社会の縮図ですから、孫子の代まで使える物でもありません。数年前に新版に買い換えようと思

第2章　活断層とのつきあい方：大阪エリアを例として

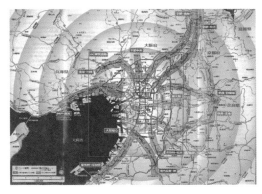 

図33　歩いて帰る震災時帰宅支援マップ：京阪神版
著者が2006年に購入したもの。ずっと持ち歩いていたので、すでにボロボロ。巻頭に広域メインルート索引図を掲げ（左）、個別マップ（右）には主要地点からの距離や、通行上の注意事項（公園などのオープンスペース・ガラス壁などの危険物etc.）が示され、非常に使いやすいが、既に絶版で今後再刊行の予定もない。

い立って探すと、今度はどこにも見当たりません。私は、「はて？」と首をひねりました。

　仕事で使う地図を買う時、電車に乗って京都に行くことにしています。自分が通っていた大学のすぐ脇に、すごい地図屋さんがあるからです。どんな地図でも、ないものはない。そんなに大きいお店ではありませんが、有名書店などよりずっと品揃えが優れています。そこで調査用の地質図を買ったついでに、「帰宅支援マップって最近は出てないですか？」と店長さんに聞いてみました。彼曰く、「あーそれ、もうどこの店にもないですよ。今売っているのは東京23区だけだと思います」。なんと絶版でした！インターネットアドレスを教えてもらって眺めたところ、たしかに、東京しか見当たりません。その出版社の「お問い合わせコーナー」で、東京以外の地域について同様のマップを作る予定があるかをメールしてみましたが、回答は「いまのところ首都圏版を定期的に発行する以外にはその他の地区の発行予定はございません」でした。

今、私の机の上には、最新版の「帰宅支援マップ：首都圏版」（昭文社）が置いてあります。先日東京に出張した折りにコンビニで買って帰りました。やはりよく売れているらしく、第7版と第8版が並べてありました。地方は自ら生き残り策を考えてください、ということのようです。
　都市圏（特にわが国の場合に）特有の二次災害として、地盤液状化についても考えてみましょう。これは、その場で命を絶たれるような事態に至りません。むしろ、とりあえず震災の混乱が終息して、日常生活を取り戻そうとする時に、重くのしかかって来る問題です。古来、日本人はあまり平野部に住んでいませんでした。激しい地殻変動による大きな河川勾配とモンスーン気候を反映した多雨のために、河川は氾濫を繰り返し、その度に低地は水浸し。大阪平野の特異な水系と近世の大和川付け替えは、コラム4にも書いた通りです。明治時代になって西洋の治水技術が導入され、平野に人口が密集するようになりましたが、その際に地盤の性状など考慮されることはありませんでした。2011年の東日本大震災では、遠く離れた関東平野で深刻な液状化被害が発生しています。被害地は坂東太郎と呼ばれる大河・利根川の旧河道に集中しました。建屋がなんとか無事でも、地盤の流動で水道管やガス管が断ち切られてしまっては、もはや住み続けることは出来ません。それでは行政側は、住民に十分な情報を提供しているでしょうか？残念ながら、そういった情報がハザードマップに盛り込まれているケースは、多くありません。憶測による社会不安や投機的な地価変動を防ぐ…という配慮もあるのでしょうが、担当者の話を聞いていると、基礎知識が乏しいのではないのかと疑われます。図34は、大阪平野の液状化危険度マップです。「新関西地盤」という書物から引用しました。これを読んでくださいと言いたいところですが、この本、ISBN（国際標準図書番号）がなく頒価も表示されていません。土木・建築業界で流布している、いわば内部文書なのです。近年は、公開の道筋が整備されつつありますので、貴重な地盤

第2章　活断層とのつきあい方：大阪エリアを例として

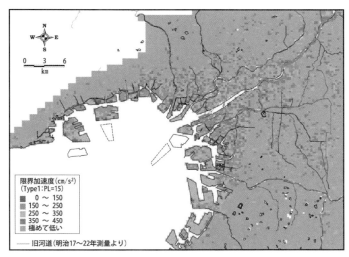

図34　液状化危険度の評価例（海溝型地震タイプ）

KG-NET・関西圏地盤研究会（2007）「新関西地盤－大阪平野から大阪湾－」口絵よりモノクロ化して転載。大阪湾岸と淀川水系の旧河道に沿って被害が大きくなることが分かる。

情報を盛り込んで都市計画が策定されることを願っております。

3.1.2. 支援センター中（なか）でのインタビュー

　地域がどのような問題を抱えているか理解するためには、そこで正面から実社会に関わっている方々に聞いてみるに限ります。今回は、社会福祉法人「大阪手をつなぐ育成会」の支援センター中で、杉山萬千子所長にお話を伺うことができました。これは、先にも書いたように私の奥さんがそこの職員であるという繋がりですが、非常に忙しい現場の長である杉山所長には、お時間をいただいて本当にありがたく思っております。なお、支援センター中では、障害のある方々への「充実した日中活動の提供や就労に向けての準備」を目的として、様々な内容の作業やレクリエーション等の活動を行っています（育成会ホームページより）。

　インタビューを始める前に、支援センター周囲を散策し、地形・地質

をおさらいしておきましょう。鶴橋駅で降りて、東へ向かうと、ゆっくりとではありますが、道は下り勾配です（図35）。これは、コラム4でも紹介した生駒断層の活動による地盤の窪みの影響と考えられます。そこは、大和川の旧河道があった場所で現在も平野運河がある低湿地ですので、軟弱な地層で埋まっています。地盤液状化が起こりやすいかもしれません。逆に西に向かって歩くと、結構急な上り坂になってきます。

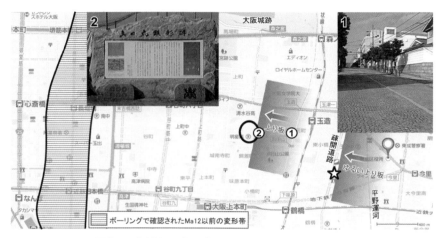

図35　支援センター中の周囲で見られる変動地形

インタビューを行った支援センターは、星印で示す。挿入写真1は、上町台地東斜面。石垣の形から、かなりの登り坂であることが分かる。挿入写真2は真田丸顕彰碑。碑文には「慶長5年（1600年）の関ケ原合戦で西軍に与し敗軍の将となった信州上田城主真田昌幸・幸村（信繁）親子は、戦後高野山に流され、しばらくして麓の九度山（和歌山県九度山町）に移った。父昌幸は慶長16年6月4日に九度山で亡くなるが、幸村は、大阪冬の陣が勃発するや否や、慶長19年10月、豊臣秀頼の招きに応じて大坂城に入城した。幸村はすぐに大坂城の弱点が南側にあるのを見抜き、出丸を構築した。これが『真田丸』で、幸村は慶長19年12月4日、ここ真田丸を舞台に前田利常・松平忠直・井伊直孝・藤堂高虎ら徳川方の大軍を手玉にとった。真田丸の場所については、元禄年間（1688年～1704年）に作製された大坂三郷町絵図に『真田出丸跡』として明示されており、それによると現在の大阪明星学園の敷地が真田丸の跡地であることが明らかである。今はグラウンドになっているため、かつての面影は全く失われているが、真田幸村はこの場所で徳川方相手に大勝利を得たのである。平成28年1月：天王寺区役所、協力：大阪明星学園、題字：脇田龍峯」と記されている。図中②近傍の囲み線が「真田丸」。網掛け部がボーリングデータベースで描出された上町断層トレース（その活動時期については本文参照）。

上町台地東斜面を登っているからです。その西端には上町断層があるはずですが、前述したように大阪市南部では、地震探査データで確認できなくなっています。有るのか無いのか気になりますね。図35の南北方向の網掛け帯が、ボーリング情報に基づく上町断層の位置ですが、10万年前より若い変位は確認されていません。ちなみに、②は戦国大名の真田幸村こと信繁が1614年の大坂冬の陣で、真田丸と呼ばれる土作りの出城を築いて、孤軍奮闘した史実を述べた碑文です。左下に真田家旗印である六文銭（死者を葬る時に三途の川の渡し賃として棺に入れる六文の銭。大義のため身命をささげて惜しまないことを意味する）が見えます。真田丸の周辺は、南北方向にも急崖となっており、籠城には理想的な地形を選んでいます。実際、戦国時代の城郭は、近代測量技術なしで一体どうやって設計したのだろうと感じ入るほど、微地形を活用して作られていることが多いです。さて、そろそろ本題に入りましょう。以下、Q. が私の質問、A. が杉山所長の回答、※が補足説明です。

Q1. 大地震が発生すると職員の帰宅／通勤が困難になると予想されますが、なにか行政から、対応策について指示がありますか。

A1. 大阪市役所・東成区役所から、特に指示はありません。自分の阪神大震災時の経験からして、被害の全体状況を把握しないと動けませんが、正しい情報を収集することは極めて困難でしょう。どの時間帯に地震災害が発生するかによって、人の移動パターンが変化しますが、通所施設とグループ・ホームとでは職員の動きが昼夜逆転するので、混乱が起こるかもしれません。

※所長の以前の勤務先の場合、帰宅困難になったら職場から自宅（奈良）まで歩く必要があったそうです。暗峠（くらがりとうげ；奈良県生駒市西畑町と大阪府東大阪市東豊浦町との境にある峠。奈良街道の生駒山地における難所で、つづら折りの少ない直線的な急勾配が続く）を

越える覚悟でした…と仰っておられました。かなり危険だと思います。

Q2. どのようなリスクを想定して避難訓練を行っていますか。
A2. 火災発生を想定して、一時避難場所（玉津公園）への誘導訓練を年1回行っています。そこには水や食料の備蓄はありませんが、いつ、どうやって、どこの避難所に移動するかについて、特に行政からアドバイスはいただいていません。うちの利用者には、コダワリがあって、強い揺れが襲来しても机の下に頑として入らない方もいます。基本的に、信頼するスタッフが声掛けして初めて団体行動に和してもらえるので、唯でさえ気の動転する大きな災害時には、職員は利用者さんのケアで手一杯になると思います。

※東成区には地震に関するハザードマップはなく、大阪市域全体のマップが頼みの綱です。防災マップには、避難所や一時避難場所、AED設置場所・耐震性貯水槽の位置などが記入されていますが、水害・地震など自然災害のタイプ別に、どのエリアでリスクが高くなるかについては、何も触れられていません。

Q3. 福祉避難所として指定されたと伺いましたが、受け入れ態勢はどのような状況でしょうか。行政から、立ち上げマニュアル的なものは提供されましたでしょうか。
A3. 東成区役所では福祉避難所を増やしたいと考えているようですが、うちが区内3箇所目です。職員の移動（帰宅・通勤）が滞ったら、実際問題マンパワー的に対応困難です。また、災害当初3日分の必要物資は、避難を受け入れる事業所が準備する必要がありますが、購入経費や備蓄場所確保に苦慮しています。福祉避難所は厚生労働省所轄だからなのか、障害児・者施設連絡協議会と連携しておらず、区役所から来た人は、その存在すら知りませんでした。「一次避難所から誘導して来ますのでな

にぶん宜しく」というのが、行政から聞いた全てです。どういう人を困窮していると見なすかについて、判断基準の説明はありませんでした。
※何となく、福祉避難所を引き受けてくれろと交渉に来た担当者は、不勉強だったのではないかと感じました。所長は、「食料にしても、カンパンは歯の悪い利用者が多く水の消費も増えるのでダメ。水に浸したアルファ米を食べてくれる人はまずいない」と苦慮されていましたが、そういう人に向かって、役所の担当者は「飴なんかどうです」と発言したとのこと。「誤飲したらどうなると思っているのでしょう。またたく間に飴を噛み砕いて歯を痛める人もいますし」と呆れておられました。

Q4. 東成区の地形・地質を見ると、大阪市内陸部では液状化リスクが高いエリアです。今里筋の区役所や警察署は使えなくなる可能性がありますし、支援センター中にまで被害が及ぶ恐れはあると思います。その場合、ライフラインの破壊など、二次災害への対応はどうお考えでしょうか。

A4. 所管の大阪市を通じて、建屋が被害を受けた場合に備え「事業継続計画」を事業所ごとに策定するように要請され、母体の育成会が苦慮しています。しかし、液状化なんて何も説明はありませんでした。この建物が面している疎開道路（図35参照）は、第二次大戦時に空襲での延焼を防ぐため拡幅したものです。そのため、古い木造家屋が多く残されていますし、水道管・ガス管が老朽化していますので、液状化が起こると被害が出るかもしれません。

　以上、興味深い情報が多く、インタビューは2時間に及びました。全体として、福祉事業所の管理者として公の要望にある程度応える必要はあると認識しているが、区の方は行政側が為すべきことを十分に理解し

ているとは言いにくい…というのが所長のお考えかな、と感じて支援センター中をあとにしました。

3.1.3. 理想と現実のはざまで

　「福祉避難所」は、最近頻繁に耳にするようになった言葉です。サーチエンジンで検索すると、40万件もヒットし驚きました。これは、避難行動要支援者（高齢者や障がい者など）が避難生活をするため、特別な配慮がなされた二次避難所のことで、小学校などの一般の避難所にいったん避難した後、必要と判断された場合に開設されます。以下、日本大百科全書（ニッポニカ）の解説に拠ります。開設期間は、原則として災害発生の日から最大限7日間で、延長は必要最小限の範囲とされます。運営にあたる人材は、その多くを地域内のボランティアによって確保する必要があります。福祉避難所として指定されるためには、耐震・耐火など施設自体の安全性が確保されていることはもちろんですが、バリアフリー化が図られ、要支援者の安全性も確保された施設である必要があります。備蓄物資・器材として、一般的なもののほか、介護用品・衛生用品・要支援者に適した食料・洋式ポータブルトイレ・ベッド・担架・パーティション・車椅子・歩行器・歩行補助杖・補聴器・収尿器・ストーマ用装具・気管孔エプロン・酸素ボンベなどを装備する必要があります。

　支援センターでのインタビュー前にこれを読んだ時は、ああそうと思っただけでしたが、後で読み返すと現実との乖離に驚かされます。「最大限7日間」という文言は、東成区だけでなく、今回聞き取りを行った自治体の担当者全てが知りませんでした（頬かむりしているのではないと思う）。ニッポニカが間違っているのでしょうか。現実に合わないから、官庁から自治体に通知される過程で、抜き取られたのでしょうか。必要装備品もちょっと無茶ですね。金銭的にもスペース的にも、これを完全に満たす（通常利用している人数用の装備以外に1セット準備する）

事業所が、日本に多数存在するとは思えません。

　もともとこれは、1995年（平成7年）に発生した阪神・淡路大震災を機に見直された"災害救助法"によって1996年に位置づけられたものですが、具体的な取り組みは進みませんでした。初めて実際に設置された契機は2007年（平成19年）の能登半島地震で、その翌年厚生労働省から福祉避難所についての設置・運営ガイドラインが出されたことにより、ようやく要支援者のための避難支援の動きが広がり始めました。その後も、福祉避難所を指定している自治体は少数派にとどまっていましたが、2016年（平成28年）の熊本地震で、要支援者の受け入れ先になるはずだった福祉避難所が一向に活用されず、情報周知の欠如や対応スタッフの不足が浮き彫りとなったため、社会問題としてクローズアップされています。大阪市でも、現時点で受け入れ可能な施設数が圧倒的に不足することから、早急な対応を模索しているところなのです。

3.2. 何がサテライト（衛星都市）の核となるか
3.2.1. 門真市：官製ボトムアップ計画

　この本を書き始めた当初、門真市に触れるつもりはありませんでした。現実に住んでいる土地のことは、程よい距離感で述べるのが難しいような気がしましたし、あまり良いトピックも思いつきませんでした。ところが、まさに第2章を執筆中、天の計らいのように、近所の小学校で「やさしい防災教室」というのがありまして、あまりにも色々なことを考えさせてくれましたので、急遽情報を収集することにしたのです。

　ここまでの本書のパターンを踏襲し、「しみじみ考えさせられたこと」を説明する前に、地質のおさらいをしましょう。門真は、典型的な軟弱地盤です。コラム4で書いたように、江戸時代の地図では沼地ですし、名産はレンコンです。図36をご覧ください。門真を含む大阪北部の地下構造を見ると、京都から大阪に向かい、枚方市から寝屋川市の丘陵には、

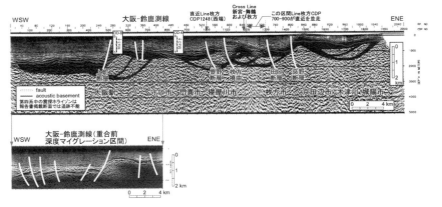

図36 門真市を含む大阪北部の地下構造と活断層
測線位置は口絵のマップを参照のこと。典拠については、巻末の「参考文献・情報源」に示す。

それなりの活断層が分布しています。それぞれに名前がついていますが、要するに生駒断層の分枝です。それが、門真に入った途端何もない平坦地となります。第１章最後で紹介した寒川旭さんの「地震考古学」では、門真市の松下電工本社にある西三荘・八雲東遺跡の詳しい記述と、遺跡から発見された見事な液状化跡の写真（ハス畑の腐植土を引き裂いて砂脈が伸びている。地層の年代から、1596年の慶長・伏見地震の産物と解釈された）があります。さらに移動しますと京橋辺りで再び標高が上がり、上町台地に築かれた大坂城跡が目に入ります。そして、大阪駅の周辺にある最大の落差が、あの上町断層です。やっぱり、大きく危険な断層なのだ…と思いたいところですが、拡大すると正断層かな？と言いたくなるような形状を示し（図36下）、東西方向に岩盤が圧縮されて生じた逆断層という通説とは全然合いません。実は、コンピューターシミュレーションによると、上町断層の位置では張力（岩盤を引っ張る力）が強くなって、凹地ができるという結果すら出ているのです。これを一連の活断層と見なして危険度を評価するのが妥当か否か、慎重に再検討す

る必要がある、と私は考えています。門真市民が本当に気にするべき断層は、生駒断層に決まっています。かなり近いし（図32）。生駒山地の標高に大阪平野を埋めた堆積物の厚さを加算して、2000mに近い累積変位がありますので、パワー十分だと思います。

　そろそろ本題に戻りましょうか。上記の市民防災教室には「オカン防災」という名が付けられていました。オカンとは、大阪弁での「母ちゃん」ですが、"旅の指さし会話帳・国内編②大阪"（情報センター出版局；標準語⇔大阪弁⇔英語の対訳が大真面目に列記された頭の痛い語学書。大阪弁2500語以上収録を誇る）によれば、「オカンには『笑いをもたらす母親』という意も含まれる。笑いネタにする時に使われることが多い」とあります。ならば、オトン（父ちゃん）でも良いだろうに…という疑問が湧きますが、今度こそ、本題に戻ります。

　上述のようなタイトルを付けるくらいだから、誰でもできる普段の備え的な話かと思い、家族みんなで聞きに行ったのですが、何だか「国の防災計画に住民が揃って参加し協力をしましょう」といった内容に終始し、オカンたちは「？？？？？」という反応でした。私は、講師が繰り返し口にした「地区防災計画」という言葉が気になったので、自宅に帰ってから調べてみました。そして、これが、現在のわが国の防災計画のキーワードであることを知りました。以下、Wikipediaからの引用（一部を省略）です。「地区防災計画とは、災害対策基本法に基づき、市町村内の一定地区の居住者および事業者が共同して行う自発的な防災活動に関する計画である。従来、防災計画としては国レベルの総合的かつ長期的な防災基本計画と、都道府県や市町村レベルの地域防災計画を定め、それぞれのレベルで防災活動を実施してきた。しかし、東日本大震災において、自助・共助及び公助があわさって、初めて大規模広域災害後の対策がうまく働くことが強く認識され、平成25年には、災害対策基本法に、自助および共助に関する規定がいくつか追加された。その際、地域コミュ

ニティにおける共助による防災活動の推進の観点から、地区防災計画制度が新たに創設された（平成26年4月1日施行）。同計画制度は、国際的にも先進的な取り組みとされており、今後の普及が注目されている」。なるほど。

　この発想は、どこかで聞いた憶えがあります。上の高札を要するに、「地区団結や地方自治の進行を促し、非常時の住民によるボランティア活動、食料品の配給、災害での減災活動などを行う」ということでしょうか。このフレーズの文言を適当に置換すると、「地区団結や地方自治の進行を促し、戦時下の住民動員や物資供出、統制物の配給、空襲での防空活動などを行う」となり、第二次大戦中にわが国を支えた官主導の銃後組織、隣組の理念そのものです。なるほど、なるほど。

　誤解のないように申し添えます。私はこういった官主導のボトムアップ計画（なんだか二律背反の言葉遊びにも聞こえますが）を、頭から全否定しているのではありません。いわゆる「しらけ世代」の日本人として、お上の介入には比較的従順です。ただ、ネット百科事典説明文にもある「自助（自分の身を自分で守る）」と「共助（地域の住民や身近に居る人同士が助け合う）」と「公助（国・地方自治体や消防・自衛隊などが行う）」をうまく噛み合わせ機能させるためには、重要情報（災害で予想される被害状況など）を各レベルが共有する仕組みが必要なのだろうと思います。隣組の例を引けば、いくらバケツリレーを練習しても、B29がばら撒くテルミット焼夷弾には無力でした。

　防災教室で大変啓発された、ある門真のオカンのケースを考えてみましょう。名前は巽好 幸（たつよし みゆき；仮名）とでもしておきます。彼女は、どんな自然災害が想定されているかを知りたいと思い、市役所でハザードマップをもらってきました。2017年の春に作成されたマップはA1サイズで、両面それぞれに地震と洪水による被害分布が示されています。地図の周りには公からの情報伝達の流れや避難の心得、地震発

生からの行動フローチャートなどが図示され、それなりに読みやすくできています（余談ながら、前節で取り上げた福祉避難所はひとつも掲載されていません。ホームページにも載っていません。本当にないのではなく、災害時にいきなり殺到されると困るので公表を避けていると聞きました。そういうやり方で適正な運営ができるのか、少し疑問を感じます）。実際に災害が発生した場合はどこに逃げようか？とイメージしてみた巽好さんは、はたと考え込んでしまいました。自分の住居（彼女は筆者と同様、京阪電鉄・大和田駅前の賃貸マンションに住んでいます）から、どこを目指せば良いのか？まず、一時避難地の公園に行くべきなのかな？でも、そこは避難所に指定されている最寄り小学校より遠いし…。小学校への道は、狭く暗い路地もある。もし火事になっていたらどうしよう？避難所には水・食物は置いてあるだろうか（そんな話は子どもが学校から持って帰る回覧には何も書いてない…）？ハザードマップに「隣近所の安全を確認し助け合いましょう」なんて書いてあるけど、マンションにどんな人が住んでいるかなんて、あまり知らないし…。大体、オトンは無事に会社から帰って来るだろうか？子どもとどうやって落ち合おうか？見かけによらず真面目な彼女は、次の週末にマップを手に家族全員で避難所まで歩いて、危険場所を確認することにしました。

　このように、災害で発生するかもしれない困難な状況は、極めて複雑です。内閣府防災情報ページからダウンロードできる啓発用パンフレット「災害が起きたら、あなたはどうしますか？〜みんなで地区防災〜」を読みますと、「一番大切なのは一人ひとりが災害をイメージすること」とあり、そのイメージを地区防災計画まで昇華させる手順は、次のように記述されています。

①計画を策定する対象地区の「地域の特性」を把握し、起こりうる自然災害（リスク）を推定します。
②「まち歩き」をして、各自発見したことを記録。図書館等で地史文献

を参照活用しながら、「防災マップ」を作ります。
③防災マップを使い、危険場所や避難場所等を共有し、計画策定のためのスケジュールや取り組み内容（避難・救助方法等）について話し合います。

　これを、オカンの集団だけでやれというのは、ちょっと無茶でしょう。能力を疑うのではなく、彼女らはヒマではないということです。その辺はもちろんお上もご存じで、パンフレットでは、地元大学や企業等との連携を謳っています。例として挙げた門真市内にあって、現実に防災事業に参画しているのは、大阪国際大学です。毎年開催している「防災フェスタ」（図37）の詳しい内容は大学ホームページに譲りますが、そ

図37　地元大学の取り組み1
大阪国際大学が主催する防災フェスタの模様。大学ホームページの一部を編集。

の説明文には、「地震などの自然災害は、予想できるものではなく、自助・共助に向けた備えが重要。防災フェスタは、自分が災害を生き抜くため、また周囲の人を災害から救うため、いざという時に適切な行動が行えるよう必要な基礎知識を得る場、模擬体験する場」とあります。私が出席した講演会でも、このイベントへの参加が勧められていました。でも、家族みんなで聞いた「オカン防災」講演が、実は記念すべき第1回目だったとのこと。門真市における互助活動は始まったばかりです。官主導のボトムアップ計画がどういう花を咲かせるか、一市民として静かに見守りたいと思います。

3.2.2. 堺市：校区ユニットの自主防災

では、大阪南部に目を転じましょう。大和川を挟み大阪市と隣接する堺市は、府下二つ目の政令指定都市です。その行政組織は、前節の門真市などより遥かに大きく整っているはず…ですが、危機管理に関するサイトを見ても、「地区防災計画」という言葉は見当たりません。その代わりに「地域防災計画とは？」という項目があり、「堺市防災会議が策定する計画であり、堺市域に係る災害に関し堺市及び防災関係機関が、その全機能を有効に発揮して、市民や事業者等の協力のもと、災害予防、災害応急対策及び災害復旧・復興等の災害対策を実施することにより、市民の生命、身体及び財産を災害から保護することを目的としています」と説明されていました。どうやら、また違った行き方をしているようです。

自主防災の取り組みについて説明する前に、地形地質の多様性についてコメントをします。広大な堺市は、大阪湾岸の埋め立て地（堺区・西区）から泉北丘陵（美原区・南区）まで、地勢変化に富んでいます。そのため想定される災害も多様で、埋め立て地では、液状化リスクが高いのは当然ながら、南海トラフ地震に際し臨海工業地帯が甚大な被害をこ

うむる恐れがあります。東日本大震災の時に、はるか東京湾岸の石油コンビナートが炎上したことは、未曾有の人的損失の中であまり報道されませんでした。長い周期の揺れが卓越するプレート境界型地震では、大型石油タンクが共振現象のため破裂して鎮火不可能になることがあります。内陸に向かって液状化・津波リスクは低下しますが、丘陵地では、どこに避難所を設定すれば歩行の困難な高齢者・身障者がスムーズに避難できるか、という悩ましい課題があります。

　図38は、堺市を含む大阪南部の地下構造の例を示しています。生駒西麓断層の複雑さは特筆すべきものです。明らかな重力値の変化（口絵1）は、地下に大きな構造落差があることを示唆しますが、空中写真などによる地形判読では、連続性の良い活断層は認定できません。大和川を境に南北でメイン断層の位置もジャンプしており、信頼度の高い危険度評価が困難なエリアです。湾岸の方に向かうと、白鷺の辺りで基盤岩上に地磁気異常を伴う盛り上がりが伏在しています。これが太古の死火山ではないかという話は、前に説明しました（図30）。さらに西方に進むと三国ヶ丘に1本の逆断層があります。従来、上町断層とされてきたものですが、本当に大阪市域の南北方向の断層と一連か、慎重に再考する必要があることは、本書で繰り返し述べた通りです。

　このように、広くて多様な災害ポテンシャルを抱えた堺では、市民による防災活動の単位として「校区」を重視しています。通常、地域の小

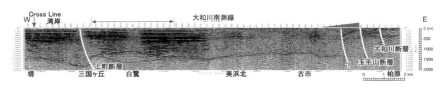

図38　堺市を含む大阪南部の地下構造と活断層
測線位置は口絵のマップを参照のこと。典拠については、巻末の「参考文献・情報源」に示す。

第2章　活断層とのつきあい方：大阪エリアを例として

学校・中学校が災害時避難所に指定されることが多いので、それを基本ユニットに設定するのは、それなりに合理的なやり方だと思います。市の危機管理室が年度初めに対象校区を選び、「避難所運営マニュアル」の作成と、実際の避難計画の策定を依頼します。マニュアルには詳しいひな型（図39）が準備され、「〇〇小学校」等と伏せ字になっているところを、各校区で書き換えていく形で、30ページ余りと相当なボリュームです。仕事や家事の合間にこういう資料を整備するのは、なかなか骨の折れることですが、幾つかの校区では非常に充実したマニュアルを仕上げておられます。同様のシステムが立ち上がっている自治体は、あまりありません。大阪市のホームページからも、似たマニュアルをダウンロードできますが、過去の事例の寄せ集め感が強く使いにくい。よそは、「うちでも作りたいのですが、さてどうすれば良いでしょうか」という段階にとどまっているところが多いという現状です。

　コミュニティは生き物です。完璧なマニュアルを作って、それを親子何代にも亘って使い続けることはできませんので、定期的に改訂する必

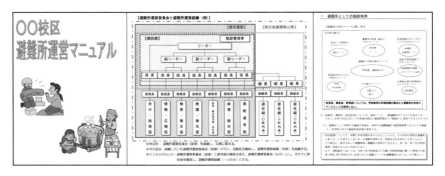

図39　大阪府堺市の校区避難所運営マニュアル

運営組織チャート（中央）では、〇△□などを実際の町内会名で置き換える形になっている。避難所として利用される小・中学校の施設利用法（右）では、利用可能なスペースの分類図や、「学校教育の早期再開」に配慮した避難所運営の解説などがあり、かなり具体的な内容となっている。資料アクセスについては、巻末の「参考文献・情報源」に示す。

要があります。しかしながら、その中心となる校区自治会が今後も正常に機能するかどうかは、予断を許さない気がしています。共稼ぎで時間がない・他人の事に関わりたくないなど、人によって理由はさまざまでしょうが、「隣は何をする人ぞ」という風潮が広がれば、真にボトムアップ型の自主防災活動は、この先段々と難しくなっていくのではないでしょうか。ともあれ、堺のマニュアルはオープンソースで、再配布も何ら問題ないということですので、その電子ファイルを、大阪府立大学の学術情報リポジトリ（愛称：OPERA）に登録することにしました。この本の巻末にある情報リンクにアクセスすれば誰でも無料で入手できますので、読者の皆さんも、一度堺市の「避難所運営マニュアル」を埋めてみていただけないでしょうか。トライのうえ改善のためのご意見をフィードバックいただければ、うれしく思います。各々の自治体の実情にふさわしいバージョンを育てていく活動に繋がれば…と、ひそかに期待しています。やっぱり、「投げたらアカン」のです。

　最後に、堺市中区にキャンパスのある大阪府立大学のコミットメントについて触れておきたいと思います。府大は、「COC事業」というのに参画しています。これは、文部科学省が国内大学を対象として、「地域社会との連携強化による地域の課題解決」や「地域振興策の立案や実施を視野に入れた取り組み」をバックアップするための施策です（2013年度より開始され、2017年度で終了）。"COC" は "Center of Community" の頭文字を取った略語で、「地（知）の拠点整備事業」とも称されています。どうも大学で勤めている人間の悪い癖で、官製のこういった横文字を見ると、「どうせまた碌なもので無かろう」と構えてしまいますが、これは、少し役に立っています。府大のスローガンは、「大阪の再生・賦活と安全・安心の創生をめざす地域志向教育の実践」という総花的なものですが、教職員だけではなく、大学生が参加できる仕組みがあり、地域再生という副専攻の一環として「地域活動演習」と

いった科目も用意されています。これは、地域活動をグループで企画・実践することを通じて、コミュニティの重要性を自覚し、将来の地域活動リーダーとしての資質を培う…という高邁な理念を掲げ、年毎に「消防広報のあり方」や「大阪の街のあり方」や「コミュニティ防災教育」などのテーマを入れ替えて、学外実習を行うものです。私は、今のところ活断層の調べ方といった、本書の第1章で説明したような内容で、側面からのお手伝いをしていますが、来年度から学生と共に、マップを見ながら避難経路の危険箇所等を確認して回る「防災まち歩き」（図40）にも参加するつもりです。その対象地域として、次節に登場する阪南市を選びました。

図40　地元大学の取り組み２

大阪府立大学の副専攻科目「地域活動演習」における「防災まち歩き」の様子。

3.3. これぞボトムアップ：阪南市民のチャレンジ

大阪府南部は、西（紀淡海峡）に向かって先細りになる、オカカ（かつお節）の尻尾といった形をしています。私の実家が在る阪南市は、尻尾の中ほど、和泉山脈が海に迫ってくる辺りに位置しています。険しい地形の様子を、図41で見てみましょう。図の真ん中、鳥取ノ荘と箱作の間にある窪地は、自然の盆地ではありません。関西空港の人工島を埋め立てるための土取り跡地で、今は全域が住宅地になっています。実際、人間による地形改変は恐るべきもので、活断層に関わる変動地形と誤認しないように細心の注意が必要です。

ともあれ、地形を概観しますと、和歌山平野を隠す和泉山脈から、突出部がいくつも大阪湾岸に延びているのが見て取れます。これが、コラム5でも書いた関空島の西まで続く高まりです。また、箱作から淡輪に

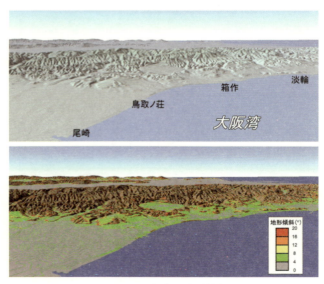

図41　阪南市の地形情報

大阪湾上空より望む阪南市の地形鳥瞰図（上）と地形傾斜分布図（下）。国土地理院の基盤地図情報に基づき、カシミール3Dを用いて作成。

かけて、これとは違う海岸に平行な構造系列が確認できます。複雑な地形要素は、阪南とその南方の和泉山脈が地殻変動によって変形したヒストリーの記録そのものです。

　そういう阪南市のコミュニティは、どういう特徴を持っているのでしょう？図42の阪南市・堺市・大阪市の人口構成比を見てみましょう。都市部に比べて、阪南では明らかに60歳代〜70歳代の人口が突出し、働き盛りの20歳代後半〜30歳代が少ない。高齢化が進み、働き盛りが減少しているのです。さらに注目すべき点は、多数を占めている高齢者の方々が生まれた頃に、阪南市の人口はさしたる増加を示さないことです（図43）。これは、第一次ベビーブームが起きた戦後間もない時期に生まれ、団塊の世代と呼ばれる人たちが、他所から移入してきたことを表しています。彼らが成人し家庭を持った頃に、ニュータウンあるいはベッドタ

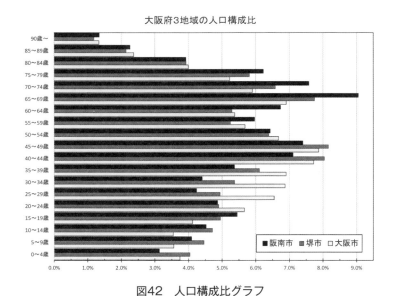

図42　人口構成比グラフ
大阪府の阪南市・堺市・大阪市の人口構成比（2017年秋時点）。それぞれの自治体ホームページから統計資料を収集して編集。

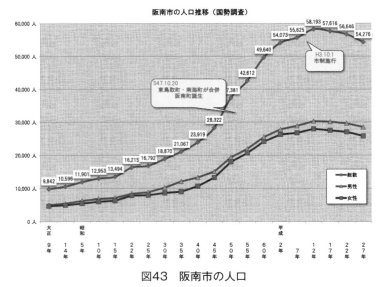

図43　阪南市の人口
国勢調査に基づく、過去100年の阪南市の人口推移状況。阪南市ホームページより転載。

ウンと呼ばれる郊外の駅前に立地した住宅団地から、仕事場・オフィスのある都市部へ電車通勤する、という勤労者層の生活像が出来上がりました。阪南市のコミュニティは、戦後日本の社会変遷を反映しているわけです。私事ながら、亡父は1934年生まれの戦中派でした。子ども（私と弟）ができた頃まで大阪市住之江区にいましたが、住居（ボロボロの長屋）が次の台風で倒壊しかねない状況になり、一念発起して阪南に引っ越しました。白亜紀の堆積岩からなる和泉山脈の麓を削って造成した住宅団地は、ぺんぺん草も生えない岩肌が至る所に露出していましたが、これから大きくなっていく町には何となく活力があって、小学4年生の私も、ワクワクしたことを憶えています。歳月が流れ、50代半ばの私は老母のお世話に時々帰省します。息を切らして実家までの長い坂道を登る間に、児童の姿を見かけることはあまりありません。住民と共に町も老いました。

このように、高齢化が進行した地域で急坂ばかりの住宅地が多いとなると、災害時の避難所設定は非常に悩ましいものになります。東日本大震災の大津波の後遺症で、どうしても海辺は避けざるを得ない。市が作成したハザードマップを見ると、「崖の上の避難所」とでも言うべき立地の場合も多くなっています。この本を執筆し始めた頃に、母の介護でお世話になっているケアプランセンターの計らいで、地域住民の皆さんを対象に地震や断層についての講演をする機会がありました。私が話し終わったあとで、高齢の参加者から次のような質問をいただきました。「配ってもらったハザードマップは見ているけど、とても高台の避難所まで歩けません。空き地に逃げてもいいですか？」。やはり、みんな不安なのです。

　この町で、どのように共助と公助が進められているかについて、現地インタビューを行いました。まずは、阪南市の危機管理課です。現在の担当者である武輪泰寛さんと前担当者・廣谷敏幸さんにお時間をいただき、伺った内容を以下に要約します。

　「阪南市域には59の自治会があり、そのうち38に自主防災組織があります。市が指定する避難所は、耐震基準を満たす必要があり急には増やせませんが、阪南市総合体育館を物資集積所として救援拠点となるよう計画しています。福祉避難所は今のところ9箇所で、さらに増強する予定。避難所を開設・運営するためのガイドラインは、市職員と住民が現場で使えるものを作ろうと考えています」。

　読者の皆さん、この本で紹介した他の自治体と比較して、どう感じますか？私が思うに（ちょっとおこがましいのですが…）、非常に頑張っておられるのではないでしょうか。阪南市の取り組みで特筆に値するのは、「市民協同提案制度」です。毎年度はじめに地域まち作り支援課のホームページに公募要項がアップされ、住民と市の担当者が、審査委員に企画プレゼンを行います。防災関連の企画で平成27年度に採択された

舞地区については、DIG（Disaster Imagination Game; 災害図上訓練）を行って、対策立案を支援しました。そして、以後共同で作成することを制度化されています。それでは、この制度にいち早く手を上げ、手作りの防災マップを完成させた自治会でお話を伺ってみましょう。

舞地区は、南海電鉄・鳥取ノ荘駅から山手に上ったところの丘陵に位置し、実家はその山ぎわにあります。地区内の住民センターで、自主防災会会長の稲垣哲彦さんと同副会長・今井隆さんにご面談の機会をいただきました。以下、Q. が私の質問、A. がお二人の回答です。

Q1. 防災マップを作ることになった経緯を教えていただけますでしょうか。
A1. 最初は、市の危機管理課から依頼がありました。そこで自主防災会で協同提案のプロポーザルを作り、採択されて補助金を基にマップを作ることが出来ました。

Q2. 避難所の開設・運営に関して何らかのガイドラインや組織はありますか。
A2. 現時点ではなく、作りたいと思っています（注：堺市避難所マニュアルひな型には興味があるとのことでした）。

Q3. 高台の舞小学校が避難所ですが、足腰の弱い方はたどり着けるでしょうか。
A3. 年に1回、地区内の班単位で、歩行困難者など介助が必要な住民の数を把握し、防災委員から班長に必要事項を申し送ることにしています。あらかじめどこに逃げるか線引きは行わず、防災マップに記載した一時集合場所で点呼・安否確認を行った後、班長がリーダーになって避難所に移動する計画です。

Q4. 舞小学校には、救援物資の備蓄はありますか。何人集まると予想されますか。
A4. 食料の備蓄はしていませんが、倒壊家屋から住民を救出するためのバール等は、6箇所の防災倉庫にストックしています。舞地区全体で2000戸ありますので、小学校には収容しきれないかもしれませんが、今のところ方策はありません。

ここまで話が進んだところで、今井さんがおっしゃいました。「この町に引っ越してきた理由は、便利だったからです。道路が整備され都市ガスも通っていた。昭和40年代の最先端でした。しかし、施設は古くなり高齢化も進みました。この上、地震でガス管が寸断されたりしたら、もうここには住めない」。住民の多くが危機感を共有する、だからこそボトムアップの共助が機能しているのです。最後に、私は聞きました。

Q5. 大阪府立大学が、地域活動の一環として、今後舞の防災マップの作成や改訂のお手伝いをしても良いでしょうか。
A5. 歓迎しますよ。

そういうわけで、私はこの本が出版される頃、2017年の春に作られた舞地区自治会防災マップ（図44）を手に、実家の周囲をうろうろ歩き回っていることでしょう。この章で私たちは、いろいろな地域で、さまざまな人々が、それぞれの意図をもって自然災害と防災に目を向け始めていることを知りました。そうして私は、何もまとめや結論を述べることなく、筆を置くことにします。防災への意識、そして活断層とのつきあい方は、今後目まぐるしく変化していくでしょうから。それが、今より良い方向であることを、こころから望みたいと思います。

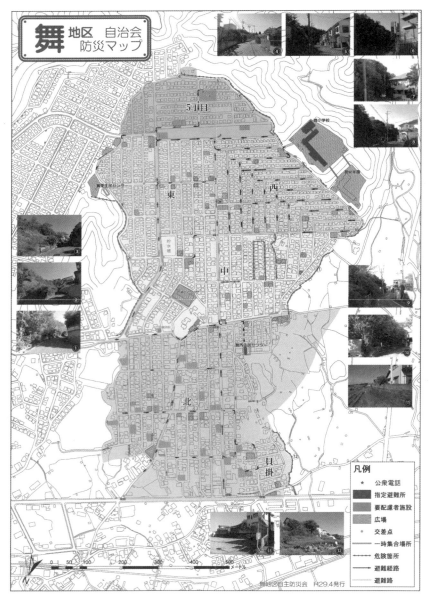

図44 手作りハザードマップの一例
大阪府阪南市・舞地区自主防災会が作成した防災マップ。

コラム6　自治体による危機感の温度差：同じ活断層の上なのに…

　子ども（小学生の娘2人）が、家で「南海トラフってどこやろ？」と社会科の地図帳をめくっているので、何のことかと聞いたところ、そのうち地震が起こると学校で教わったとのこと。地震が起こったら何が危ないのか質すと、声を揃えて「津波！」と答えてくれました。そこで「古川（茶色の水を湛えた近所のどぶ川）には津波は来ないんや。それ以外に危険なことはいっぱいあるよ」と諭しましたが、さてこの先どれくらい自然災害に関する教育を受けるのかなぁ…と考えてしまいました。私が調査している中央構造線という活断層は、和歌山県を東端に、少なくとも4つの県を通過しています。そこで、いくつかの県や市の教育委員会に書簡（ご参考までに、その全文をこのコラム末尾に掲載します）を送って、自分の研究内容を説明するとともに、自然災害への備えについて、何らかの教育ガイドラインを持っているかを質問してみました。その結果、どこで育つかによって全く防災への自覚が違ってしまうのだ、という現実を目の当たりにすることとなりました。

　中央構造線西部が通過する某県・市教育委員会からは、なにも返答はありませんでした。別のコラムでも書きましたが、この本は、防災対応の遅れている組織を責めるために書いているわけではありませんので、コメントは控えます。何かのアクシデントで、手紙やメールが届かなかったのかも知れませんし。その一方、和歌山から届いた返信には仰天しました。県の教育委員会からのメールには、「当委員会では"学校における防災教育・安全指針（平成26年3月）"に基づき防災教育を進めています。また"和歌山県防災教育指導の手引き（平成25年3月）"を活用した防災学習を小学校・中学校で行っています。ホームページに公開をしておりますので、ご覧いただければと思います」という説明と共に、HPアドレスが記載されていました（本書末尾にまとめて、参考になるURLを掲載します）。内容も非常に充実しています。「和歌山県防災教育指導の手引き」は100ページに及び、学年ごとの配布プリントひな型（そのまま先生がコピーすれば、教材に使える）が完備していました。和歌山市教育委員会からの書簡には、「和歌山県が発行す

る安全指針を参考に、各学校が実態・地形等に応じて防災ガイドラインを作成し、提出してもらっております」とあり、それら紙ベース資料の提供はできかねるとしながらも、市教育委員会が作成した"かがやけいのち（小学校用・中学校用）"という冊子を送っていただきました。小学校用・中学校用どちらも立派なもので、特に「いのちを守る防災マップを作ろう」という書き込みページを設け、当事者意識を育んでいこうとする姿勢が、とても印象に残りました。

いやはや、何でここまで温度差が生じるのでしょう？やはり、和歌山は過去何度も地震による深刻な被害を受けており、その経験が語り継がれていることが、非常に大きいのだと思います。皆さんは、「稲むらの火」という物語をご存知でしょうか？1854年12月24日の夜、安政南海地震の津波が和歌山沿岸に襲来した際、現有田郡広川町の濱口梧陵（はまぐちごりょう）は、自身の田にあった藁の山に火をつけて安全な高台にある広八幡神社への避難路を示す目印として速やかに村人を誘導し、その9割以上を救いました（死者30人）。これによって、津波から命を救えるかどうかは、情報伝達の速さが非常に大切という教訓を残したのです。彼は生涯、被災地の復興及び防災

図　和歌山県の防災教育。左：津波防災の日の訓練ポスター（和歌山県教育委員会ホームページより）。右：「和歌山県防災教育指導の手引き」に掲載された、「稲むらの火」に関する挿話。

に尽力し、地元では「生き神様」と呼ばれました。のちに、小泉八雲が彼を称えて、浜口五兵衛の名で物語化したのです。その声価は国内にはとどまらず、イギリスのある小学校では、世界の偉人学習に際して、濱口梧陵を「A hero of Japan」として詳しく紹介しているそうです。実際、私がこれまでに会った和歌山県出身の大阪府立大生は、全員「稲むらの火」を知っていました。

　この話はプレート境界断層が生じる津波に焦点を当てていますが、和歌山県では内陸断層に対する意識もちょっと他県と異なっている、という経験をしたことがあります。中央構造線の調査で、ピッケルを手に提げて交通量の多い県道を歩いていた時に、横にパトカーが停まりました。要するに不審者（笑）として職務質問されたのですが、職業と調査目的を説明して納得してもらい、ピッケルを袋に隠してヤレヤレ…というところで、年嵩の巡査が口調を改めて「ところで、調査している活断層というのは、根来断層ですか？」と言いました。これには正直、ギョッとしました。「中央構造線ですか」なら「はい、そうです」で済みますが、根来断層という中央構造線の分枝の名など、一般人は普通知らない筈ですので。「よくご存じですね〜」と言ったところ、彼は頭をかいて「私も家を買うとき大分迷いましたが…どうでしょう、あれは本当に危険な断層なんでしょうか？」と真顔で尋ねました。軽々しい返答はできないと思い、「ちゃんと分かるように頑張って調べます」と頭を下げて別れましたが、地元の方々に誠意を持って説明する大事さが身に沁みました。

　本文中、自治体による暗中模索の取り組みに関するセクションで書いたように、何が地域コミュニティの核となり得るか等、今の日本では難しい問題が山積しています。しかし、濱口梧陵の英雄的行動と共に、自然災害への備えの大切さが、世代を超えて地域で伝承されていることは、防災教育に携わるすべての人を、勇気づけてくれるものではないでしょうか。

《追記》
　このコラム冒頭で、「うちの子はこの先どれくらい自然災害に関する教育

を受けるのかなぁ」と自問するくだりがありましたが、実にタイムリーな情報を得ましたので、ちょっと書いておきます。上の娘（小５）が国語の音読するのを晩酌しながら聞いていますと、なんと「稲むらの火」でした。しかし、津波の際に起こった事件のみならず、濱口梧陵がその後生涯をかけて将来の津波災害への備え（堤防の構築）を行ったことが述べられ、「自助と共助の意識」の大切さが強調されています。なんかどこかで聞いたような…と思われた方は、門真市の取り組みに関する本文をちゃんと読んで下さったのでしょう。ありがとうございます。ちなみに、この国語教材タイトルは「百年後のふるさとを守る」で、筆者は著名な「防災学者」でした。たしかに、その先生が言われるように、梧陵の行動から「わたしたちは、ふるさとを守るために、多くのことを学ぶことができる」でしょうけど、濱口梧陵はグレートすぎます。彼の行動には本当勇気づけられますが、同じレベルを全員に求めるのはちょっと難しい。適切な判断に基づき、住民が力を合わせて災害に向かい合うためには、共通の基礎知識を持つことが前提でしょうし、そのための情報を誰がどうやって提供するかが、防災教育の要諦ではないのかなぁと感じてしまいました。なんだか、濱口さんの義挙で気持ちよく締めくくった所へ自分で水をかけているような気もしますが、冷静な状況把握なき英雄伝は、昔の軍国美談を聞かされている気分になったもので…。やっぱり、私、ひねくれていますでしょうか。

---------------《教育委員会への質問状全文》---------------

平成29年2月2日

拝啓

　余寒の候、貴下益々ご清栄のこととお慶び申し上げます。

　さて、突然のご連絡にて、お騒がせ致します事をお詫び申し上げます。大阪府立大学理学系研究科教員の伊藤康人と申します。本日は、貴教育委員会における地域防災教育指針についてご教授賜りたく、封書を送らせて頂きま

す。当該案件の担当者様に本状を回送いただければ幸甚に存じます。

　私は地質学を専門とし、活断層評価に関する研究を行っております。近年貴自治体を通過する中央構造線活断層系を対象に、文部科学省の重点観測プロジェクトが実施され、ワーキンググループに参画させて頂きました。現在も調査結果の分析が進んでおり、地震ハザードの定量的評価を目指しております。野外地質調査に際して周辺にお住まいの方々が仔細をお尋ねになることも多く、軽々しい発言をせぬよう常々自戒致しております。適切な対応をするためには、住民の皆様の共通認識を把握するべきかと考え、所轄学校でどのような地震防災に関する教育・訓練をするよう指導をされているかを伺うべく、筆を執った次第です。ちなみに、中央構造線は東日本大震災にて激甚災害をもたらした津波リスクは大きくありませんが、マグニチュード８±のパワーを持ち、近傍では震度６～７の揺れを生じます。

　ご多用のところ誠に恐縮ではございますが、貴委員会における防災教育ガイドラインといったものがございましたら、ご教示いただけませんでしょうか。同封の返信用封筒をお使い頂いても構いませんし、小職のメールアドレス宛にご連絡頂いても構いません。何卒宜しくお願い申し上げます。末筆ながら、尚一層のご発展をお祈り申し上げます。

敬具

大阪府立大学
理学系研究科・物理科学専攻
教授　伊藤康人

あとがき

　柄にもなく「活断層に関する一般書を書こう！」なんて思い立って1年、兎にも角にも書き上げた原稿は、私の手を離れ読者の評価を受けることになりました。学術論文とはまた違った達成感と不安感を味わっております。前半の技術解説では、自分の守備範囲の狭さに辟易し、後半の地域の取り組み紹介では、己が属するコミュニティが抱えている課題認識の浅さに身のすくむ思いをしながら、筆を進めることとなりました。しかし反面、やって良かったとも感じています。

　地球科学は、我々が住んでいる惑星を研究する学問です。高校で野外巡検に行き興味を持って以来ただシンプルに面白くて、これまでずっと（なかなか研究職につけずにサラリーマン生活をしていた間も）情熱を燃やしてきましたが、当然のように地球のダイナミックな営みが引き起こす多様な災害を介して、実社会との密接な関連を持つ分野です。残念ながら、現在の学問レベルでは、自然災害を防ぐことはもとより、予測することすら容易ではありません。しかし、謙虚に改善を続ける姿勢は必ず何かの役に立つとも祈念しています。

　私の知るところは僅かですので、本書は率直に言ってバランスの取れたテキストブックなんかではなく、学ぶところは多くないかとも危惧します。しかし、現在メジャーであるけれどもサイエンスとして万全とは言えない活断層評価手法を見聞する（＋観測プロジェクトのメンバーとして対応に苦慮する）なかで、あまり展望のない分野には極力手を触れずに、コンパクトに論を進めるという意識を持って執筆しました。

　いわば、本書は（多分に自分自身への）問題提起です。それに対する解答を、さて、残りの研究者人生で得られるだろうか…などと思案している間に、微速前進するしかないですね。やはり投げたらアカンのです。

あとがき

　5年後に改めて同じテーマで、一般書を（そんな企画を受けてくれる寛容な出版社があれば）書いてみたいなぁ等と考えております。最後になりましたが、第1章の情報提供および粗稿添削で非常にお世話になった河合展夫さん・今住隆さん、第2章の聞き取り取材に快く応じて下さった杉山萬千子さん・深谷清之さん・武輪泰寛さん・廣谷敏幸さん・稲垣哲彦さん・今井隆さんには、改めまして心より御礼申し上げます。

　私事ですが家族にも感謝。奥さんは、東成区での現場インタビューの橋渡しを頼むとともに、門真市のオカン防災の講演ビラを捨てずに置いてくれていたおかげで、貴重なトピックを提供してもらいました。娘2人は、「災害時にこの子らをどうやって守るか」という重大かつ悩ましい視点を与えてくれました。ありがとうね。とうちゃん、もっと頑張ります。

参考文献・情報源

　「はじめに」でも述べたように、この本は文系理系を問わず、いろいろなバックグラウンドの読者に受け入れてもらえることを目指しています。その一方で、自然を理解するためには共通の基礎知識が必要ですし、先人の研究成果は正しく引用しないといけない…。文献をどのように扱うか、ちょっと悩みましたが、結局「書籍は最少限にとどめ、原著論文は引用しない」という姿勢を基本にしようと決めました。実際のところ、本書を執筆しながら参照した情報量を考えると、厳密な引用を付けた場合は、膨大なリストが出来てしまう恐れがあります。

　情報源と言えば、国や地方自治体および研究機関のホームページなど、ネットワークの重要性は増す一方です。しかし、そこに掲載された情報の信頼性・永続性をどのように評価するかなど、現時点で必ずしも解決されていない問題もあるように思います。そこで、手前味噌なのですが、自分が勤めている大阪府立大学の学術情報リポジトリ（愛称：OPERA）を積極的に活用することにしました。これは、誰でもブラウザーで自由に閲覧でき、掲載された情報を無料でダウンロードできるプラットフォームです。トップページには「大阪府立大学で生産された教育研究成果等を電子的に蓄積・保存し、インターネットを通じて学内外へ発信するためのものです」と記されています。これが有益なケースとしては：

①大判やフルカラーの図面として見たいが、冊子装丁や価格の関係で、紙媒体の書籍に含めることが困難なオリジナル情報（例＝活断層周辺の地質調査で得られたルートマップ原図）。
②言葉での説明では今一つピンと来ないので、ムービーとして閲覧した

い情報（例＝人工地震探査の現場作業風景）。
③一応公共機関のウェブサイトに掲載されているが、本書内容との関連など、補足説明があれば理解しやすい情報（例＝自治体が作成した災害時の避難所運営マニュアル）。

などを考えています。それでは、カテゴリー別に説明します。

《書籍》
　そもそも「あまりこれまで注目されていない視点」から書こうと思い立った本ですので、既刊書はなかなかピッタリくるものがありません。しかし、従来の活断層研究方法についての簡潔な説明という意味では、入手も容易な下記をお薦めします：
　　活断層（岩波新書；松田時彦）

第1章で説明した遺跡の液状化に基づく研究法は：
　　地震考古学－遺跡が語る地震の歴史（中公新書；寒川旭）

を参照してください。下記の新書にも、寒川旭さんが南海トラフ地震に関するデータを増補して、解説（8．地震考古学の誕生）を書かれています：
　　発掘を科学する（岩波新書；田中琢・佐原真［編］）

《公共のウェブサイト》
　第2章で述べたように、関西圏地盤情報ライブラリーは、インタラクティブに地下情報を検索できるサイトです。専門家のレベルでどれくらいの情報が存在しているか、雰囲気をつかめるかもしれません（それが必ずしも最高度に活用されていないという所見は、稿を改めて述べま

す）：

http://www.geo-library.jp

コラム6で述べた、和歌山県教育委員会の防災に関するHPアドレスは：
A「学校における防災教育・安全指針」

http://www.pref.wakayama.lg.jp/prefg/500900/bouhann/anzensisin.html

B「和歌山県防災教育指導の手引き」

http://www.pref.wakayama.lg.jp/prefg/500900/bouhann/sidounotebiki.html

です。Bの方は、群馬大学の災害関連研究室へのリンクが掲載されており、そこから更にいろいろな防災関連ホームページに繋がっています。

《OPERA》

図のキャプション中で『典拠については、巻末の「参考文献・情報源」に示す』とした部分（図26, 30, 31, 36, 38およびコラム5の図a）については、下記のアドレスに、大阪平野の活断層に関する日本語文献が全文掲載されています。記載に徹した報文ですので楽しい読み物とは言い難いかもしれませんが、ともかく現時点で大阪の陸域に関して利用できる地震探査データは網羅されています：

http://hdl.handle.net/10466/15350

図5については、キャプションにも書いたように、オリジナル（カラー版）を下記アドレスから利用できます。200MB近いので、ダウンロードの際はご注意ください：

http://hdl.handle.net/10466/15058

参考文献・情報源

　図39の大阪府堺市の校区避難所運営マニュアルについては、下記アドレスにPDF版を掲げてあります。あわせて、本書中の簡潔な記述を補う経緯文書と、マニュアルを良くするためのフィードバックをお願いするバナーなどを置いてあります：

http://hdl.handle.net/10466/15678

　あと、第1章の人工地震探査の現場作業ムービーは、下記のサイトにて閲覧・保存可能です。昨今の資源開発状況に鑑み、即利用できる情報は多くありませんでした。「講義資料」として登録しましたので、新しいコンテンツを地道に補充していければと思っています：

http://hdl.handle.net/10466/15674

　本文の図20のみは、取っつきやすい文献がありません。下記アドレスで、大判の断面図については閲覧・ダウンロードできます。私が編集幹事として纏めたオープンアクセス書籍のコンテンツです。恐縮ですが、テキストはすべて英語で書かれています：

http://hdl.handle.net/10466/15058

※ウェブサイトの情報は、2018年2月に確認したものです。

索　引

A−Z

Charles Lyell	64
COC（Center of Community）	94
GPS（Global Positioning System）	11
Normal Move-Out	37
OPERA	16, 94
SAR（Synthetic Aperture Radar）	11
S/N比	38
uniformitarianism	64

ア行

生駒山地	26, 57, 58, 61, 81, 87
生駒断層	59, 61, 80, 86
和泉山脈	15, 55, 57, 58, 96
和泉層群	15, 18
上町台地	54, 67, 80, 86
上町断層	26, 54, 70, 75, 80, 86, 92
エアガン	33, 45
永年変化	29
液状化	51, 62, 75, 80, 83, 86, 91
大阪府立大学	3, 16, 67, 74, 94, 101
大阪平野	23, 26, 31, 48, 57, 58, 61, 64, 67, 78, 87
オフセット距離	35
音響インピーダンス	31

カ行

学術情報リポジトリ	16, 94
活断層	1, 6, 8, 13, 17, 24, 26, 30, 31, 47, 50, 53, 56, 57, 64, 66, 67, 74, 86, 92, 96, 103
帰宅困難者	74
基盤岩	27, 42, 67, 92
強震動予測	47, 67
近畿トライアングル	56
空中（航空）写真	7
合成開口レーダー	11
構造剥ぎ取り法	15

サ行

災害救助法	85
災害対策基本法	87
真田丸	80
ジオホン	34, 43
自主防災組織	99
地震	1, 6, 8, 13, 18, 25, 29, 31, 45, 47, 50, 54, 56, 62, 67, 75, 81, 85, 88, 92, 99, 103
地震考古学	52, 86
地震シナリオ	47
シミュレーション	8, 47, 61, 68, 86
市民協同提案制度	99
重合記録	39
重合断面	38
収束境界	14, 56
重力異常	25, 54, 67, 72
振源	32, 43
人工衛星	11, 28
人工地震探査	23, 43, 54, 66, 72
真振幅回復	36
震度	8, 48, 51, 54, 70, 75, 107
走時補正	37

索引

タ行

堆積盆	14, 24, 26, 31, 48, 58, 67
卓越周波数	67
断層	4, 6, 7, 12, 17, 24, 27, 29, 32, 47, 53, 57, 59, 66, 70, 75, 86, 92, 99, 105
地殻変動	4, 13, 24, 56, 59, 62, 78
地下構造	26, 30, 40, 46, 66, 67, 72, 85, 92
地区防災計画	87, 91
地形変位	8
地磁気異常	28, 68, 92
地質調査	1, 13, 17, 43, 58, 66
中央構造線	15, 17, 41, 46, 53, 60, 69, 103
トランスフォーム断層	29
トレンチ調査	9, 47, 51

ナ行

南海トラフ	49, 51, 56, 91, 103
軟弱地盤	62, 66, 85
二上層群	69

ハ行

ハイドロホン	34
バイブレーター	32, 43
ハザードマップ	1, 49, 53, 75, 82, 88, 99
バランス断面法	13
反射法地震探査	31
避難所運営マニュアル	93
フィリピン海プレート	51, 56, 60
福祉避難所	53, 75, 82, 84, 89, 99
プレート	4, 14, 30, 56, 92, 105
プレートテクトニクス	29
変位地形	7
防災フェスタ	90

防災まち歩き	95
防災マップ	90, 100
放射性炭素年代	9
ボーリング	6, 20, 26, 40, 48, 64, 67, 81

マ行

マイグレーション処理	39
マグニチュード	8, 48, 70, 107
まち歩き	89

ラ行

| リモートセンシング | 11, 54 |

115

■著者略歴

伊藤　康人（いとう　やすと）
- 1961年　大阪市に生まれる
- 1984年　京都大学理学部卒業
- 1989年　京都大学大学院理学研究科博士課程修了・理学博士号取得
- 1989年　石油公団入社
- 1996年　大阪府立大学総合科学部助手
- 2016年　大阪府立大学大学院理学系研究科教授

* * * * * * *

表紙解説

表
瀬戸内海・伊予灘に面する愛媛県の海岸に分布する郡中層。地殻変動のために直立している。青緑色を帯びる部分は、急速に隆起した後背山地から運ばれた高圧変成岩礫を大量に含む。それらの激しい変動は、近くの海中を走る活断層・中央構造線によって引き起こされた（2015年1月13日　伊藤撮影）。

裏
表紙写真の風景の反対側（西側）には佐田岬半島の北岸が延び、遥かに伊方原子力発電所を望む（2015年1月13日　伊藤撮影）。

OMUPの由来

大阪公立大学共同出版会（略称OMUP）は新たな千年紀のスタートとともに大阪南部に位置する５公立大学、すなわち大阪市立大学、大阪府立大学、大阪女子大学、大阪府立看護大学ならびに大阪府立看護大学医療技術短期大学部を構成する教授を中心に設立された学術出版会である。なお府立関係の大学は2005年４月に統合され、本出版会も大阪市立、大阪府立両大学から構成されることになった。また、2006年からは特定非営利活動法人（NPO）として活動している。

Osaka Municipal Universities Press (OMUP) was established in new millennium as an association for academic publications by professors of five municipal universities, namely Osaka City University, Osaka Prefecture University, Osaka Women's University, Osaka Prefectural College of Nursing and Osaka Prefectural College of Health Sciences that all located in southern part of Osaka. Above prefectural Universities united into OPU on April in 2005. Therefore OMUP is consisted of two Universities, OCU and OPU. OMUP has been renovated to be a non-profit organization in Japan since 2006.

活断層と私たちのくらし
―― その調べ方とつきあい方 ――

2018年４月24日　初版第１刷発行

著　者　　伊藤　康人
発行者　　足立　泰二
発行所　　大阪公立大学共同出版会（OMUP）
　　　　　〒599-8531　大阪府堺市中区学園町1-1
　　　　　大阪府立大学内
　　　　　TEL　072 (251) 6533　FAX　072 (254) 9539
印刷所　　和泉出版印刷株式会社

©2018 by Yasuto Itoh, Printed in Japan
ISBN978-4-907209-85-8